얼음과 추위를 이겨낸 108종의 놀라운 식물들

# 북극 툰드라에 피는 꽃

**Beautiful Arctic Tundra Plants**

Copyright © 2014 Yoo Kyung Lee, Ji Young Jung, Youngsim Hwang, Kyoo Lee, Danny Donguk Han, Eun Ju Lee

Published in 2014 by GeoBook Publishing Co.
Rm 1321, 34, Sajikro 8-gil, Jongno-gu, Seoul, 110-872, KOREA
Tel: +82-2-732-0337, Fax: +82-2-732-9337, e-mail: book@geobook.co.kr

ISBN 978-89-94242-31-6 93480

Printed in Korea

얼음과 추위를 이겨낸 108종의 놀라운 식물들

# 북극 툰드라에 피는 꽃

이유경 · 정지영 · 황영심
이 규 · 한동욱 · 이은주
지음

GEOBOOK 지오북

기후변화는 지구 공통의 관심사입니다. 우리는 매년 면적도 줄어들고 두께도 얇아지는 북극의 해빙(海氷)과 빙하를 보면서 기후변화를 실감하고 있습니다. 기후변화는 빙하에만 영향을 미치는 것이 아닙니다. 영구동토층이 녹으며 그곳에 저장되어 있던 유기물이 분해되어 온실기체로 방출되는 현상이 북극에서 빠르게 진행되고 있습니다.

북극은 결코 우리와 동떨어져 있지 않습니다. 따뜻한 여름에 북극 해빙이 녹아내리면 북극 진동의 패턴을 변화시켜 북반구 기후에도 영향을 줍니다. 한반도에도 영향을 미치는 북반구 겨울의 한파, 여름의 폭염, 폭우와 태풍 등의 이상기후가 바로 북극과 관련 있습니다. 따라서 우리 미래의 변화를 예측하기 위해 북극에 대한 심도 있는 연구가 더 필요합니다.

우리나라는 2002년 스발바르제도 뉘올레순에 다산과학기지를 열며 북극에 한걸음 다가갔습니다. 또한 2011년에는 제12차 북극과학최고회의를 서울에서 개최하기도 했으며, 2013년 5월 북극이사회 옵서버 지위를 획득하였습니다. 북극에 대한 높아진 관심과 함께 2013년 12월 우리나라 정부의 북극정책기본계획도 발표되었습니다. 이제 우리나라도 국제사회의 일원으로서 한반도를 벗어나 연구지역을 스발바르, 그린란드, 알래스카, 캐나다 북극 등으로 넓혀 환북극권을 바라보게 되었습니다.

그동안 북극에서의 연구 경험을 바탕으로 『북극 툰드라에 피는 꽃』을 펴내게 된 것은 더 할 수 없이 반가운 일입니다. 여섯 명의 저자들은 이 책에서 얼어붙은 대지를 뚫고 꽃을 피운 북극 식물의 사진뿐 아니라, 특징과 쓰임새, 이름의 의미와 이누이트 원주민의 지식까지 다양한 정보를 제공하고 있습니다. 이 책은 일반인들에게 낯설기만 한 북극 식물과 툰드라 지역을 이해하는 데 큰 도움이 될 것입니다. 이 책을 통해 앞으로 많은 분들이 툰드라 식물과 생태계, 나아가 점차 그 중요성이 더해지고 있는 북극에 관심을 갖게 되기를 기대해 봅니다.

2014년 3월
극지연구소
소장 김 예 동

Climate change is a common concern of the world. The Arctic is fragile to climate change impacts. The Arctic sea ice and glaciers, and the Greenland ice sheet have melted, and greenhouse gases released from thawing Arctic permafrost. All this, in turn, accelerate the global warming.

The Arctic affects our daily lives. For example, Arctic Oscillation has big impacts on weather in the middle latitudes of the Northern Hemisphere. Erratic weather such as cold snap and heavy snow in the winter, the heat wave and heavy rains in the summer, and typhoons and hurricanes at large, may be closely related to the Arctic. Therefore, more research and monitoring in the Arctic regions are necessary to prepare our future.

In 2002, Korea opened the Arctic Dasan Station at Ny-Alesund, Svalbard - our first step to the Arctic. During the past 10 years, we have studied the Arctic atmospheric and terrestrial regions, as well as the glaciers and ocean around the Dasan Station. Korea has held an ad-hoc observer status since 2009 at the Arctic Council, and held the Arctic Science Summit Week (ASSW) 2011 in Seoul. As a member of the international community, we expanded research sites to Svalbard, Greenland, Alaska, and the Canadian High Arctic since 2010.

I am happy to present a new book, Arctic Tundra Plants, as the culmination of our research experiences. I hope this book will be useful to those who are interested in tundra plants and its ecosystem.

March 2014
President Yeadong Kim
Korea Polar Research Institute

## 머리말
### Preface

이 책은 2010년부터 2013년 여름에 북극 툰드라 지역인 노르웨이령 스발바르 제도에 있는 뉘올레순(79°N, 12°E)과 롱이어뷔엔(78°N, 15°E), 그린란드 북동쪽에 있는 자켄버그(74°N, 20°W), 미국 알래스카 수어드반도에 있는 카운실(65°N,163°W)과 스쿠컴(64°N, 164°W), 그리고 캐나다 누나부트 준주에 있는 캠브리지 베이(69°N, 105°W) 주변에서 관찰하고 조사한 관속식물을 정리한 것이다. 툰드라 식물들은 생육기가 여름 한 철로 짧다. 따라서 잠깐 꽃이 피는 동안에 식물을 관찰하고 사진을 찍어야 하는 어려움이 있었다. 그리고 현장에서의 관찰과 사진만으로는 이름을 정확하게 확인하기 어려운 식물도 있었다. 앞으로 더 많은 전문가들이 툰드라 식물을 정리해주기 바라며 이 책을 펴낸다.

관찰 시기와 조사 지역의 제한이 있었지만, 서로 다른 네 지역을 비교해 보니 북극권에 널리 분포하는 식물도 있었고, 특정 지역에만 자라는 식물도 있었다. 북극이나 고산지대에만 자라는 식물도 있었고, 온대 지역까지 널리 자라는 식물도 있었다. 일부 북극 식물종은 우리나라 고산지대에도 자라고 있는 것을 확인하였다. 북극 식물의 계통 지리 분포와 생태적 특징에 대해서도 더 많은 연구가 필요하다.

그동안 북극에서의 연구 경험을 바탕으로 이미 『다산기지 주변에서 볼 수 있는 북극 식물』과 『북극 툰드라 식물』을 펴낸 바 있다. 첫번째 책은 다산과학기지를 방문한 북극체험단과 국내 연구자들에게서 그동안 보지 못했던 식물을 알아보는 데 매우 도움이 되었다는 반응이 있었다. 또한 두번째 책은 외국 연구자들로부터 책을 구하고 싶다는 요청을 받았고, 아름답고 쓸모 있는 책이라는 칭찬을 들었다. 그러나 이 두 책은 식물의 특징만을 소개하는 도감이어서 일반인들이 보기에는 약간 어렵고 딱딱한 것도 사실이다. 그래서 우리는 일반인들에게 좀 더 쉽게 북극 식물을 소개하는 책을 구상했고, 부가 정보를 더하여 『북극 툰드라에 피는 꽃』을 펴내게 되었다. 특히 이 책은 북극 식물의 생태적 특징과 분포, 원주민들의 식물 이용에 관한 재미있는 연구 내용까지 곁들여 있어, 이 책을 통해 누구나 쉽게 북극 식물을 만날 수 있다.

이 책이 나오기까지 많은 분들의 도움이 있었다. 북극의 다양한 연구지를 방문할 수 있도록 도와주신 Larry Hinzman 소장(페어뱅크스 소재 알래스카대학 국제북극연구소), Morten Rasch 박사(덴마크 오르후스대학), Anders Michelsen 교수(덴마크 코펜하겐대학), 그리고 자켄버그 식물 동정을 도와준 Gergely Varkonyi(핀란드환경연구소)와 Daan Blok(덴마크 코펜하겐대학)에게도 감사드린다. 캠브리지 베이 지역의 사진을 동정해주시고, 일부 사진을 제공해주신, Dr. Ioan Wagner(캐나다 북극권 연구기지), Bruce Bennett(베네트 식물원), 이효혜미 박사(국립생태원), 홍순규 박사, 김옥선 박사(극지연구소)께도 감사드린다. 북극 식물 관련 연구 논문 자료를 정리한 오호림, 사진 자료를 정리한 임채섭, 그리고 영문 교정을 도와준 이큐리, 유주은, 하성민에게도 고마움을 전한다.

이유경, 정지영, 황영심

이 규, 한동욱, 이은주

\* \* \* \* \*

This book covers vascular plants that grow in the Arctic tundra regions during the summers from 2010 to 2013: Ny-Alesund (79°N, 12°E) and Longyearbyen (78°N, 15°E) in Svalbard, Zackenberg (74°N, 20°W) in Greenland, Council (65°N, 163°W) and Skookum Pass (64°N, 164°W) in Alaska, and Cambridge Bay (69°N, 105°W) in Canada. Because tundra plants have short growing periods, it was difficult to observe and take good photos. We could not accurately identify some plants through field observations. We hope more experts will further study these Arctic tundra plants.

When comparing the four study regions, some plants are distributed widely across the Arctic regions, and others grow only in specific areas. Some plants grow only in the Arctic and alpine regions, and others grow in temperate region as well as the Arctic tundra. Several tundra plants grow in the alpine regions of the Korean Peninsula. Phylogeography and ecological studies may elucidate this distribution patterns of the Arctic plants.

We are grateful to those who helped us to visit the Arctic research sites: Director Larry Hinzman (International Arctic Research Center, University of Alaska Fairbanks) and Professor Morten Rasch (Aarhus University, Denmark). We thank Dr. Gergely Varkonyi (Finnish Environment Institute) for the identification of Zackenberg plants. We greatly appreciate Dr. Ioan Wagner (Canadian High Arctic Research Station), Bruce Bennett (B.A. Bennett Herbarium), Dr. Hyohyemi Lee (National Institute of Ecology), Dr. Soon Gyu Hong (KOPRI), Dr. Ok-Sun Kim (KOPRI) for identification of Cambridge Bay plants and/or some pictures. We also appreciate the supports by Korea Polar Research Institute, National Research Foundation of Korea, and the Korean Ministry of Education, Science and Technology (MEST).

Yoo Kyung Lee, Ji Young Jung, Youngsim Hwang

Kyoo Lee, Danny Donguk Han, Eun Ju Lee

46

58

64

160

162

172

180

196

218

# 외떡잎식물 Monocotyledoneae

일러두기
Introductory Remarks

1. 이 책은 2010~2013년 7~8월에 북극 툰드라 지역에서 촬영한 북극 식물을 정리한 것이다. 이 책에 정리된 식물은 총 28과 108종류이고, 총 600여 장의 사진이 수록되었다. 이 책에서 정리한 식물의 학명과 기재문, 그리고 분포지는 이 책의 뒤에 실린 참고문헌과 웹사이트를 참고하였다.

2. 이 책에서 정리한 식물의 우리말 이름은 아래의 웹사이트와 논문을 참고하였다. 우리말 이름이 없는 식물의 경우 이 책에서 새로 우리말 이름을 부여하였다.
• 국립수목원, 한국식물분류학회 (2007) 국가표준식물목록. http://www.nature.go.kr/kpni
• 이규, 한동욱, 현진오, 황영심, 이유경, 이은주 (2012) 북극권 스피츠베르겐 섬의 관속식물 국명 목록. Ocean and Polar Research 34:101-110.

3. 새로 우리말 이름을 부여하는 경우 다음과 같은 기본 원칙을 따랐다.
   1) 우리말 이름이 있는 경우, 기존의 우리말 이름을 그대로 사용했다.
   2) 우리말 이름이 없는 경우, 학명의 의미를 고려하여 새롭게 우리말 이름을 부여했다.
   3) 학명을 우리말 이름으로 번역하기 어려운 경우 또는 학명이 식물종의 특징을 잘 반영하지 못하는 경우, 영문 일반명을 번역하여 우리말 이름을 부여했다.
   4) 학명의 종소명 또는 아종명이 arctica, arcticum, borealis, -boreus, polaris 등인 경우, 우리말 이름에 '북극'을 사용했다.
   5) 분포 지역이 북극에 국한되거나 원종이 북극권에서 발견되는 경우, 우리말 이름에 '북극'을 사용했다.
   6) 우리말로 된 속명이 없는 경우, 근연 속명에 '아재비'를 붙이거나 영문 일반명을 번역하여 속명을 새롭게 부여했다.
   7) 동일 속명에 대하여 우리말 이름이 두 개 이상인 경우, 식물의 특징을 보다 잘 반영하는 우리말 속명을 채택했다.

4. 이 책에 수록한 사진 가운데 별도로 촬영자를 표시한 일부 사진을 제외한 모든 사진은 지은이들이 직접 관찰하고 촬영한 사진임을 밝힌다.

1. This book is the product of the Arctic expeditions during 2010-2013 by the Arctic research team of Korea Polar Research Institute (KOPRI) and Seoul National University. This book provides about 600 photos describing the total 28 family and 108 species of vascular plants. We referred to the books and web-sites on page 291 of this book to check the scientific name, common name, descriptions, and distributions of the plants.

2. We used the Korean names of the plants in the article and web-site below:
 • Korea National Arboretum, Plant Taxonomic Society of Korea (2007) Korean Plant Names Index. http://www.nature.go.kr/kpni
 • Kyoo Lee, Dong Uk Han, Jin Oh Hyun, Young Sim Hwang, Yoo Kyung Lee, and Eun Ju Lee (2012) List of Korean Names for the Vascular Plants in Spitsbergen Island, in the Arctic Region. Ocean and Polar Research 34:101-110.

3. If a plant has no Korean name, we gave a new Korean name to the plant. We followed the naming rules below:
    1) When Korean names already existed, those names were used.
    2) When there was no Korean name for a plant species, the scientific name for the plant was translated into the Korean name.
    3) When the meaning of the scientific name was unclear, a common English name was translated into the Korean name.
    4) When the scientific names had meaning of the Arctic inhabitation, the Korean names included the Korean word 'Buk-geuk (meaning Arctic)'.
    5) When the distribution of the plant was limited to the Arctic area or the original species lived in the polar region, the Korean name included the word 'Buk-geuk'.
    6) When the plant had no Korean generic name, a particular suffix '~a-jae-bi (meaning relatives)' was added to the name of closely related genus of the plant, or a new Korean generic name was used by translating a common English name.
    7) When more than two Korean generic names were used for a genus, the generic name that better reflected the characteristics of the plant was selected.

4. All the photos were directly taken by the authors, except for the ones which have its photographer name in this book.

# 이 책을 보는 방법
## How to Use This Book

식물 사진
Photographs

한글명
Korean name

식물 번호
Number of the plant

학명
Scientific name

과명
Family name

영어명
Common name

한글 설명
Descriptions in Korean

영어 설명
Descriptions in English

**1**

바늘꽃과 Onagraceae

064 **각시분홍바늘꽃**

*Chamerion latifolium* (L.) Holub

Broad-leaved Willowherb, River Beauty, Dwarf Fireweed

**S?** Chamerion: 키가 작은 협죽도
latifolium: 잎이 넓은

**Q** 다년생 초본. 4개의 장미색 또는 옅은 자주색의 꽃잎과 더 어두운 색깔의 길고 가느다란 꽃받침이 있다.

**⬇** 높이 15~30cm. 줄기는 통통한 편이며, 땅속줄기가 없다. 잎은 줄기를 따라 어긋나며, 가장자리가 밋밋하고, 창 모양의 잎이 있다.

**Q** 하나의 꽃줄기에 3~14개의 꽃이 달리고, 수술은 8개가 있고, 암술대는 1개이다.

**⬇** 자갈이 있는 지역, 건조한 초지, 강가, 길가 등에 자란다. 그린란드, 아이슬란드, 알래스카, 캐나다 북부에 분포한다.

Chamerion: Dwarf oleander. latifolium: Wide leaves. Perennial herb; 4 purple-rose petals and 4 almost as long, but narrow, darker sepals. 15-30 cm high; Stems stout; Without rhizomes; Leaves opposite, entire, elliptic lance-shaped. Inflorescence with 3-14 flowers; 8 stamens; 1 shorter style. Gravelly places, dry heaths, river-beds and roadsides; Alaska, Greenland, Northern part of Canada, Iceland.

190

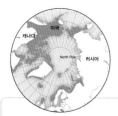

분포 지도
Distribution map

 학명의 의미
Meaning of the
scientific name

 식물의 특징
Characteristics
of the plant

 식물의 형태
Shape of
the plant

**14**

식물 사진
Photographs

1, 3 꽃과 열매
2 대군락을 이루어 꽃이 핀 모습
4 꽃

사진 설명
Descriptions of photographs

1, 3 그린란드 자켄버그
2, 4 캐나다 캠브리지 베이

촬영지
Sites of photographs

생태 특징  그린란드에서는 '어린 여자'라는 뜻으로 불리고, 나라를 대표하는 꽃
이다.
쓰임새  식물의 모든 부분을 먹을 수 있다. 차를 만들어 먹으면 위통, 코피 등을
멈추는 데 좋다. 불을 때기 위한 연료나 단열재로도 사용이 가능하다. 스프,
스튜 또는 샐러드 같은 음식에 사용된다.

쓰임새와 생태 특징
Uses or ecology

191

포자의 특징
Characteristics
of spore

꽃과 열매
Flower and
fruit

서식처와 분포지
Habitat and
distribution

# 주요 북극 툰드라 지역의 역사와 환경

북방 침엽수림의 북쪽에는 수목이 자라지 못하는 툰드라 지역이 있다. 툰드라는 영구동토층에 자리 잡고 있으며, 북극 툰드라는 그린란드, 시베리아, 그리고 알래스카와 캐나다 북부 지역을 포함한다. 이곳은 비록 사람이 살기는 어려운 환경이지만 약 1,800종 이상의 관속식물이 살고 있다. 이들은 주로 키가 작은 관목, 목질화되거나 방석모양의 초본, 사초과와 벼과 식물이며, 그 외 선태류와 지의류도 광범위하게 자라고 있다. 툰드라 식물은 키가 아주 작으며, 겨울에는 눈으로 덮여 보호된다.

다산과학기지가 있는 스발바르를 비롯하여 그린란드의 자켄버그, 알래스카의 카운실, 캐나다의 캠브리지 베이의 역사와 지리, 환경에 대해 간략히 알아보자.

# The History and Environment of Sites in the Arctic Tundra

To the north of the boreal forest, in the polar climate zone, lies the Arctic tundra: a treeless region underlain by permafrost. The Arctic tundra is found in Greenland, Siberia, northern Alaska and Canada. Although the Arctic tundra appears to be a harsh and cold environment for plant growth, there are more than 1,800 species of vascular plants inhabiting this place: dwarf shrubs and woody herbs, perennial herbs that form mats or cushions, tussock and grasses, mosses, and lichens. These plants grow close to the ground. In so doing, they are protected by the blanket of snow that envelops them.

We will now introduce the history, geography, and environment of four different tundra regions: Ny-Ålesund in Svalbard, Zackenberg in northeast Greenland, Council in Alaska, and Cambridge Bay in the Canadian Arctic Archipelago.

소발바르
뉘올레순 정경

# 차가운 해변의 땅 스발바르
## Cold shores, Svalbard

우리는 지구온난화의 영향을 몸으로 직접 체험하는 시대에 살고 있다. 북극의 얼음이 1960년대에는 두께가 평균 3.1m였지만, 1990년대 이후의 조사에서는 평균 1.8m로 40%나 감소했다.

스발바르 제도는 이러한 기후변화에 따른 영구동토의 해빙과 북극 툰드라 생태계 변화를 연구하기 좋은 지역이다. 스발바르 제도는 노르웨이 북단 해안에서 북쪽으로 약 650km 지점에 북위 74°~81°, 동경 10°~35° 걸쳐 분포하고, 전체 면적은 남한 크기 절반이 조금 넘는 6만 2,700km²이다. 가장 큰 섬은 스피츠베르겐이고 그밖에 노르오스

We currently experience global warming. We observe how sea ice in the Arctic Ocean melts and how perennial sea ice thins yearly. For example, in the 1960s, the arctic ice was 3.1 m thick, but by the 1990s it was only 1.8 m thick - a 40% decline.

Svalbard, a site affected by global warming, becomes an appropriate research site for studying how the Arctic tundra ecosystem responds to climate change. Svalbard (74°-81°N, 10°-35°E) is an archipelago located 650 km north of Norway. Its total area is about 62,700 km². The biggest island of the Svalbard archipelago is Spitsbergen, followed

뉘올레순의 베스트레 브뢰거 빙하 부근

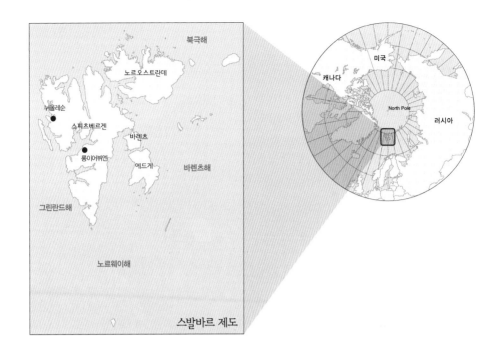

스발바르 제도

트란데, 에드게 등의 섬들이 있다.

스발바르는 '차가운 해변의 땅'이라는 뜻으로, 바이킹 시절의 기록이 남아 있을 정도로 오래전부터 인류에게 개방된 곳이다. 1596년 네덜란드인 항해가 빌렘 바렌츠(Willem Barents)에 의해 재발견된 이래 1670년대에는 고래 포획이 전성기를 이루었다. 그 후 약 250년간 다양한 유럽인들이 발을 내디뎠으며, 이곳에 다량의 석탄이 매장되어 있는 것이 발견되어 광산업이 시작되었다.

스발바르는 1920년 파리에서 맺어진 '스발바르 조약'으로 1925년 노르웨이 관할로 넘어갔지만, 스발바르 조약에 가입한 조약국들은 스발바르 지역을 마음껏 이용할 수 있는 권리를 갖기로 했다. 노르웨이 땅이지만 사실상 국제 공유지가 된 것이다. '스발바르 조약'에는 노르웨이를 비롯해 러시아와 미국, 영국, 일본, 인도 등 모두 42개국이 가입했고, 우리나라는 2012년 이 조약에 서명하며 가입국이 되었다.

스발바르에는 우리나라 북극과학기지인 다산기지가 있다. 다산기지가 위치한 뉘올레순(Ny-

by Nordaustlandet and Edgeøya.

Svalbard means 'cold shores'. Records indicate that it may have been discovered by the Scandinavians in the 12th century. In 1596, the Dutchman Willem Barentsz first discovered Svalbard. During the 1670s, the islands were used as a base for whaling. Throughout the ensuing 250 years, many Europeans landed on the islands, discovered massive amount of coal buried within the islands, and developed coal mining.

In 1920, during the Paris Peace Conference, the Svalbard Treaty granted Norway sovereignty of Svalbard. Although Norway received full sovereignty, all signatory countries were granted non-discriminatory rights to fishing, hunting and mineral resources. Korea became one of the signatory countries under the Treaty in 2012.

Korea operates the Arctic Research Station Dasan located at Ny-Ålesund in Svalbard. Ny-Ålesund rests on relatively high latitude and is coupled with a convenient transportation system, making this region suitable for polar research. Compared to

북극담자리꽃나무와 북극이끼장구채가 핀
뉘올레순 코벨기지 부근의 빙하후퇴지

북극여우

바나클흑기러기

북극제비갈매기

잔점박이물범

순록

Ålesund)은 노르웨이가 운영하는 국제 과학 기지촌이다. 이곳은 교통이 편리하여 접근이 쉬우며, 상대적으로 높은 위도에 위치하여 극지연구에 적격이다. 우리나라의 남극 세종기지가 남위 62°인 것과 비교하면, 다산기지는 북위 78.9°에 위치하여 15° 이상 고위도에 자리를 잡고 있다. 위도는 높지만 날씨는 남극에 비해 훨씬 따뜻하다. 온난한 북대서양 해류가 이곳까지 올라와서 같은 위도의 북극권 중에서 날씨가 가장 온화하다. 더욱이 기지의 설치, 관리, 유지 보수는 노르웨이 킹스베이(Kings Bay)사와 계약해 임대하여 사용하므로 경제적인 기지 운영이 가능하다. 따라서 기지에 상주 인원이 필요 없으며, 연구원들이 원하는 기간만 체류하며 관측연구를 할 수 있다.

스발바르는 육지의 60%가 연중 눈과 얼음에 덮여 있다. 해발 1,717m의 산이 있는가 하면, 여름에

the Antarctic King Sejong Station at 62°S, the Dasan station is 15° higher in latitude. Despite its latitude, Ny-Ålesund has a warmer climate compared to the Antarctic. This is due to the warm North Atlantic Current constantly flowing into this area. In addition, the construction and maintenance of the station is taken cared of by a company Kings Bay; hence, the station can be operated economically. The Kings Bay contract does not require permanent residency; scientists can come and go anytime they want to conduct their research.

About 60% of the land of the Svalbard region is covered with ice and snow. There is a mountain with an altitude of 1,717 m. Melted ices form rivers during the summer season. Around 300 mm of precipitation falls annually. In the winter, the average temperature is about -15℃, summer is about

뉴올레순 항구에 있는 과학기지
(사진의 아래쪽 붉은색 건물 중 왼쪽 건물이 우리나라의 다산과학기지)

얼음 녹은 물이 흘러내려 일시적으로 강이 형성되기도 한다. 겨울은 평균기온 영하 15℃, 여름은 평균기온 6℃이며, 연간 강수량은 약 300mm이다. 월평균 기온이 0℃ 이상인 때는 6월부터 9월까지이며 여름 4개월간이다. 이곳에는 갈매기, 도요새, 흰멧새, 뇌조, 솜털오리 등 160여 종의 새를 비롯하여, 1,800종의 해양무척추동물과 북극곰, 북극여우, 순록, 바다표범, 고래, 바다코끼리와 같은 포유류가 서식하고 있다. 식물은 지의류와 이끼류, 초본이 대부분이며, 키 작은 북극콩버들과 북극종꽃나무 등이 이곳에 자라는 나무들이다. 겨울이면 밤만 계속되는 이 춥고 척박한 곳에서도 꿋꿋하게 살고 있는 식물들, 이들 속에서 우리는 생명의 위대함을 본다.

극지연구소에서는 스발바르 빙하후퇴지역에서

6℃. The temperature is above freezing only during June to September. There are also 160 kinds of birds such as seagulls, waders, snow buntings, rock ptarmigans, eider ducks, etc. There are also polar bears, arctic fox, reindeer, seal, and 1,800 marine invertebrates. Plants are mostly lichen, moss, and herbs. *Salix polaris* and *Cassiope tetragona* are dwarf shrubs grow in this area. By looking at the plants that survive through extreme winter and infertile lands, we see the greatness of life and mother-nature.

KOPRI is doing research on microbial community changes, plants succession, and soil organic carbon accumulation along a chronsequence after the glacial retreat in Svalbard. As temperature increases, more area of soil underneath the glacier is exposed. Newly exposed soil is developed and new

생물의 천이와 토양 발달에 대한 연구를 진행하고 있다. 최근 급격한 온도 상승으로 빙하가 후퇴하며, 과거에는 빙하로 덮여 있던 새로운 땅의 노출이 늘어나고 있다. 새롭게 노출된 토양은 시간이 지나며 생물군집의 지속적인 천이를 보여준다. 우리 연구팀은 빙하 후퇴 시기가 다른 장소에서 미생물 군집의 발달, 관속식물의 정착 및 변화, 토양 유기물의 발달 등을 연구하고 있다. 또한 눈과 빙하가 녹은 물이 발달된 식생 및 토양에 미치는 교란 효과에 대한 연구도 진행 중이다.

species are introduced with time. Moreover, we are interested in the disturbance of effects on vegetation and soil by melting snow and/or glacier.

담수 호수에서 무척추동물 조사를 하고 있는 연구원들

온도 상승 효과를 실험하고 있는 한국의 연구 사이트

# 태초의 자연이 살아있는 **자켄버그**
## Pristine Ecosystem, Zackenberg

자켄버그(또는 ZERO, Zackenberg Ecological Research Operations)는 그린란드의 북동쪽 국립공원 내에 위치하고 있는 생태계 연구기지이다(74°30′N, 20°30′W). 이 연구기지는 그린란드 자치정부에 속해 있고, 덴마크 오르후스대학(Aarhus University)에서 관리하고 있다.

자켄버그에 최초로 사람이 도착했던 때는 4,500년 전으로 알려졌으나 여러 차례 사람이 살지 않는 시기가 있었다. 1823년에는 추운 날씨가 사냥 조건 등의 악화로 이어져 마지막 이누이트도 사라졌다. 따라서 자켄버그 지역은 사람에 의한 교란이 거의 없거나, 매우 낮은 자연 그대로의 상태로

Zackenberg (or ZERO, Zackenberg Ecological Research Operation) is an ecological research center located at the northeast side of Greenland (74°30′N, 20°30′W). This research center belongs to the Government of Greenland and is operated by the Department of Bioscience, Aarhus University.

Zackenberg was discovered 4,500 years ago. Due to severe cold and extreme environments, the place remained primarily untouched. In 1823, the last living Inuit disappeared due to the harsh environment. Subsequently, Zackenberg had no human interference and nature was left untouched.

북극황새풀이 무리지어 자라는 자켄버그 습지

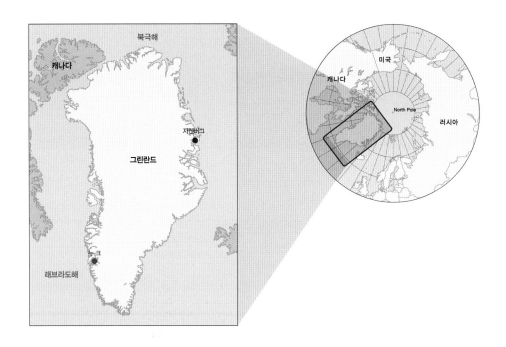

유지되어 왔다.

자켄버그의 기온은 7~8월에 3~7℃이고, 겨울에는 평균 영하 20℃ 이하이다. 1996~2005년 연평균 강수량은 261mm이나, 90% 이상은 눈과 진눈깨비의 형태로 내렸다. 1991년 모니터링을 시작한 이후 온도 상승과 강수량 증가가 관찰되었다. 기후 예측 모델에 의하면 향후 10~40년 이내 겨울과 봄에 3.2~4.6℃의 온도 상승이 예상되고, 2051~2080년 사이 강수량이 60% 이상 증가할 것으로 나타난다.

자켄버그 지역은 깊은 계곡과 피오르드가 있는 산 끝자락에 위치하고, 지형적 특징이 다양하게 나타난다. 또한 차갑고 안개가 많은 해양과 건조한 내륙의 중간에 위치해, 다양한 연구 활동이 가능하다. 여름철에 녹는 활동층의 깊이는 평균 40~70cm이고, 영구동토층의 두께는 200~400m로 추정된다. 해발고도 300m 이하에서는 약 83%가 식생으로 덮여 있고, 저지대에서 식물이 가장 활발하게 자라는 식물성장의 북방한계에 가깝다.

자켄버그 모니터링 프로그램은 1,500개 이상의

During the summer and winter, the temperature in Zackenberg ranges between 3-7℃ and −20℃, respectively. The annual precipitation is 261 mm, and 90% of that precipitation comes in the form snow and sleet. Monitoring data since 1991 has shown a rise in both temperature and precipitation in this region. Also, the climate model predicts that the temperature will rise up to about 3.2-4.6℃ within the next 10-40 years, and during 2051-2080 the precipitation will also increase about 60%. The permafrost layer extends down to a depth of about 200-400 m, and in summer, the active layer is estimated to be about 40-70 cm. About 83% of the ground under the altitude of 300 m is covered with vegetation, and is most active in the lower altitude area - close to the northernmost area for plants.

Long-term monitoring programs in Zackenberg have been implemented: BioBasis, ClimateBasis, GeoBasis, GlacioBasis, and MarineBasis. It provided over 1,500 data in both physical and biological factors in a time series manner. Research results collected

북극도둑갈매기 어린새

사향소

북극담자리꽃나무

물리/생물 요소를 측정하여 오랜 기간 동안의 시계열(time series) 데이터를 제공하고 있다. 주요 연구 지역인 자켄버그 기지 근처의 계곡(Zackenbergdalen)에는 5개의 주요 식물군집이 낮은 지대부터 높은 언덕까지 연속적으로 나타난다. 가장 아래쪽인 이탄습지에는 듀폰시아(*Dupontia*)와 황새풀 종류가 우점하고, 그 위에는 벼과, 사초과, 골풀과 등이 자라는 초지가 있다. 약간 경사가 지고 오랫동안 눈이 덮이는 곳은 북극버들이 자란다. 토양 수분이 줄어들고 활동층 두께가 깊어지는 곳은 북극종꽃나무, 북극담자리꽃나무 종류 순으로 우점종이 분포한다.

자켄버그 지역에서는 북극늑대, 북극여우와 담비가 상위 포식자이고, 사향소와 목도리나그네쥐, 북극토끼가 주요 초식동물이다. 이곳에서는 도둑갈매기류와 섭금류, 아비, 갈매기류, 멧새류 등의 새를 볼 수 있다. 나비와 나방, 거미, 파리, 모기 등

in Zackenberg over 10 consecutive years is available in 'Advances in Ecological Research 40: High-Arctic Ecosystem Dynamics in a Changing Climate (Edited by Meltofte et al., 2008)'.

The Zackenberg is distinguished for a great diversity of habitat types like ponds, fens, heaths, fell field plateaus and grasslands. Because it is located between a humid, cold sea and dry inland area, this distinctive environment makes it ideal for various research approaches. The major research area is Zackenbergdalen (Zackenberg valley); five major plant communities consistently inhabit the lower regions to upper regions. In the lowest region, *Dupontia* and cotton grass are the two abundant plants followed by Gramineae, Cyperaceae, Junaceae, etc. In a slight gradient region where snow is piling up, *Salix arctica* is dominant, and *Cassiope tetragona*, and *Dryas octopetala* appear

기후변화
연구지

북극버들

북극버들

의 곤충도 있으며, 버섯과 지의류도 있다. 따라서 이들 생물의 먹이그물 연구도 활발하게 진행되고 있다.

자켄버그에서는 크게 5가지 분야(기후, 빙하, 지질, 생물, 해양)에서 모니터링이 진행되고 있고, 지난 10년간의 종합적인 연구 결과는 「Advances in Ecological Research 40: High-Arctic Eco-system Dynamics in a Changing Climate」 (Edited by Meltofte et al., 2008)에 자세히 기술되어 있다.

극지연구소는 코펜하겐 대학과 함께 자켄버그 지역에서 기후변화가 생물과 토양 특성에 미치는 영향에 관한 연구를 진행하고 있다. 모델링 결과, 이 지역은 향후 온도가 상승하고 구름의 양이 많아지는 것으로 예측된다. 주요 대표식생인 북극버들과 북극종꽃나무를 대상으로 여름철 온도 상승, 광량 감소, 식물 생육기간 조절 후, 식물의 생장, 토양 미생물 군집 구조와 토양 유기탄소의 질이 어떻게 변하는지에 대해 장기간 연구 중이다.

gradually as moisture decreases and the active layer deepens.

In terms of animals, the arctic wolf, arctic fox, and stoat are upper class predators. The collard lemming and arctic hare are major herbivores. Additionally, many types of birds live in Zackenberg such as the skua, waders, red-throated diver, sea gulls, snow bunting, etc. We can observe insects such as butterflies, moths, flies, mosquitoes, spiders as well as mushrooms and lichens. The food web study of these organisms is underway.

Increased temperature and the amount of cloud cover are expected in this region. In the long-term monitoring plots, KOPRI is studying plants growth, soil microbial community structure, soil organic carbon quality, etc. under *Salix arctica* and *Cassiope tetragona* by increasing summer temperature, decreasing solar radiation, and changing growing periods, collaborating with the University of Copenhagen.

기후변화 연구지와 습지에서 토양 샘플링 및 활동층 두께 조사를 하고 있는 모습

# 빛과 얼음과 생명의 땅 알래스카
## The Land of Light, Ice, and Life, Alaska

앵커리지 데일리 뉴스는, 수십 년간 얻은 인공위성 영상을 통해 지구온난화가 알래스카에 미치는 영향을 상반되는 두 가지 현상으로 볼 수 있다고 보도했다. 수천 장의 영상은 알래스카의 툰드라가 점점 더 녹색을 띠는 반면, 알래스카 내부에서 캐나다 북동쪽으로 뻗어나가는 숲은 오히려 녹색이 감소하고 있다는 것을 보여준다.

알래스카의 눈 전문가 매튜 스텀(Matthew Sturm)은 툰드라의 숲이 눈 밖으로 자라 올라옴에 따라 70%까지 열을 더 흡수하면서 툰드라 지역이 점점 더 녹색화하고 있다는 가설을 주장

According to the Anchorage Daily News, the satellite images from Alaska depict how global warming affects Alaska's environment in two contrary ways: thousands of these images showed that the Alaska tundra was greening over the years; however, from the inland of Alaska to the northeast part of Canada, it showed a decline of this green region.

Matthew Sturm, a snow expert, and Glenn Juday, an ecologist, explain this seeming contradiction with two different hypotheses. Sturm's hypothesis states that as trees grow out of the snow, they absorb nearly 70%

카운실 연구지 주변 전경

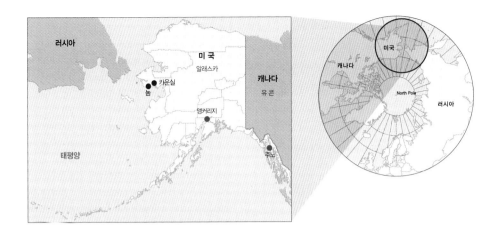

했다. 알래스카의 생태학자 글렌 주데이(Glenn Juday)는 온난화가 계속되면 나무들이 급속히 말라가기 때문에 산림이 녹색을 덜 띠게 되는 것이라고 설명했다. 이렇게 상반된 현상이 일어나고 있는 알래스카 툰드라의 역사와 생태에 대하여 알아보자.

북아메리카 서북단에 위치한 알래스카의 주도는 주노(Juneau)이며, 1959년에 미국의 49번째 주가 되었다. 북쪽은 북극해, 남쪽은 태평양에 닿아 있고 서쪽은 베링해협을 사이에 두고 러시아연방의 시베리아와 마주한다. 동쪽은 캐나다의 유콘주와 접하고, 태평양 연안에서 남쪽으로 브리티시콜럼비아주와 접한다. 면적은 한반도 7.7배인 171km²이고 인구는 약 72만 명이다. 알래스카는 러시아 황제의 의뢰로 덴마크의 탐험가 베링이 베링해협의 발견(1728)에 이어서 1741년에 발견하였다. 러시아는 알렉산드르 바라노프를 파견하여 이곳을 통치하게 하였는데, 1867년 재정이 궁핍하여 720만 달러에 매각, 이후 미국 땅이 되었다.

지형적으로 북쪽에 브룩스산맥이 동서로 뻗어 있고, 태평양 쪽으로는 알래스카산맥이 부채 모양으로 펼쳐져 있다. 이 두 산맥 사이에 유콘강이 알래스카 중앙부를 가로질러 베링해협으로 흘러든

more heat so green regions increase. On the other hand, however, Juday hypothesized that the forests wither as temperatures go up due to global warming, which cause the green region to disappear. Let's find out about the history and ecology of this controversial region: the Alaska tundra.

Alaska is situated in the Northwest extremity of the North American continent, with Canada to the east, the Arctic Ocean to the north, the Pacific Ocean to the west and south, and with Russia further west across the Bering Strait. The area is nearly 7.7 times larger than the Korean peninsula (171 km²), and the population is about 0.72 million. Alaska was first discovered in 1741, after the discovery of the Bering Strait in 1721, by the Danish navigator Vitus Jonassen Bering, who received orders from the Russian King. however, in 1867, it was sold to the USA for $7.2 million. The capital city of Alaska is Juneau. In 1959, Alaska officially became the 49th state of the US.

Geologically, Alaska has the Brooks Range along the north side and the Alaska Range on the Pacific side. Between these two ranges, there is the Yukon River flowing through the center of Alaska and out to the Bering Strait. Many volcanoes are covered with glaciers,

다. 빙설로 덮인 화산이 많으며 활화산도 있다. 브룩스산맥의 북극해쪽 저지는 툰드라 지대이며, 중앙의 유콘강 유역에는 북방침엽수림대(타이가)와 습지가 펼쳐져 있다. 알래스카산맥은 매킨리산(6,194m)을 포함하며, 거대한 빙하가 발달해 있다. 서쪽 해안은 해양성 기후로 비교적 살기 편하며, 솔송나무·전나무 등의 침엽수림대가 펼쳐져 있다.

주요 산업은 어업·광업·임업·모피생산 등이며 어업이 중심이다. 북극해 연안의 석유자원이 주목받던 중, 1968년 북극해에 접하는 노스슬로프에서 원유매장량이 96억 배럴로 알려진 대유전이 발견되었다. 미국은 에너지 자립정책의 일환으로 이 지역의 원유를 대량 수송하기 위해 노스슬로프에서 태평양 연안의 밸디즈에 이르는 길이 1,280km, 지름 1.22m의 알래스카 횡단 송유관을 1977년 6월에 개통했다. 이로써 하루 200만

but some are still active. The Northern side of Brooks Range is mostly tundra, and at the center where the Yukon River is located, there are fields of boreal coniferous forests and wetlands. Mountains in Alaska including Mount McKinley (6,194 m) are covered with giant glaciers. The climate of the western coastline is determined in large by the subarctic oceanic climate. Because of this subarctic oceanic climate, the western coastline is relatively moderate in terms of temperature, suitable for living, and forms coniferous forest, such as hemlock, needle fir, etc.

The main industries in Alaska were fishery followed by mining, forestry, fur, etc. However, in 1968, huge oil fields containing about 96 billion barrels were discovered at the North Slope of Alaska. As a part of an energy self-reliance policy, the US decided to build the Trans-Alaska Pipeline System (TAPS)

카운실 연구지에서 데이터를 수집하는 연구원들

배럴의 원유 수송이 가능하게 되었다. 이러한 송유관 건설과 운영과정은 자연의 훼손과 유류오염으로 한때 논쟁이 있었고, 어려움을 겪기도 하였다.

우리나라 환북극 동토층 연구 대상지인 카운실(Council)은 수어드(Seward)반도에 있는 도시 놈(Nome)에서 2시간 정도 떨어져 있으며, 북위 64°로 북극권선(66°) 바로 아래에 위치한다. 이곳 알래스카 툰드라의 봄은 얼음이 녹기 시작하는 5~6월이며, 여름은 7~8월로 짧다. 연평균 기온은 영하 1℃이며 연간 강수량은 420mm, 8월 평균 기온은 10℃ 전후이다. 단풍이 드는 시기는 8월 말부터이고 가을은 9월까지이며, 식물들의 계절적 생활사는 무척 짧다.

알래스카 전체에는 약 1,500여 종류의 현화식물이 발견되어 알려져 있지만, 툰드라 지역에만 나타나는 식물은 그 수가 많지 않다. 길고 추운 툰드라의 겨울과 열악한 환경, 강한 바람, 얕은 토양층으로 인해 식물의 키가 작고 땅에 붙어 자라는 식물이 많다. 알래스카 툰드라에는 주로 지의류와 선태류 등이 무성하고, 초본류, 버드나무류 등의

that is 1,280 km long with a diameter of 1.22 m, starting from the North Slope to Valdez Marine Terminal. The construction started in March 1975 and was completed in June 1977 - though there were many controversies and protests against environmental damage and oil pollution that could be caused by this pipeline.

The spring season of the Alaska tundra is May to June, and the summer is from July to August (which is relatively short compared to the rest of the seasons). The main research area, Council is about a two hour drive from Nome in the Seward Peninsula located right below 66° latitude. The average annual temperature and precipitation is -1℃ and 420 mm, respectively. In August, the average temperature rises up to 10℃ and there is unending sunlight in the summer. The fall begins from August until September. It is then that the plants turn red and begin to end their short lifespan.

Although Alaska is known to have about 1,500 kinds of flowering plants, plants that grow in only tundra are a few of them. The flowering season differs by about two weeks

회색곰 　　　　　　　　　　　사향소

관목이 혼재한다. 낮은 구릉으로 배수가 잘 되는 땅에는 진달래과 식물 등이 자란다. 대부분 식물은 지표면이 녹아서 습지를 이루는 불과 2~3개월 동안에 자란다. 매년 자라는 지의류나 선태류 등은 한대기후 때문에 분해되지 않은 채 퇴적되어 이탄층을 형성한다. 이탄층은 지구온난화와 관련해서 방출되는 온실화 기체인 메탄과 이산화탄소로 인해 주목을 받고 있고, 우리도 관련 연구를 진행 중이다.

극지연구소는 알래스카 카운실의 영구동토층 지역에서 미생물과 토양에 관한 연구를 진행하고 있다. 카운실은 선태류, 지의류, 사초류, 관목이 우점하고, 높은 수분함량과 낮은 온도로 인해 유

each year. It depends on various types of environmental factors such as snowfall, the end of the winter season, the melting of snow, etc. The tough environments of tundra such as long and cold winters, strong wind, and the existence of permafrost can only support short plants. Most abundant plants of Alaska tundra include lichen, mosses, tussock, and dwarf shrub such as *Salix*. In certain conditions, where water drains out quickly and there are shallow hills, some plants like Ericaceae are found. Most plants grow only for about two to three months when the frozen soil thaws. The dead plants do not easily decay, because of cold weather. Instead, they piled up and form peat deposits.

연구장비 전원
공급을 위한
태양열판

이산화탄소 자동 챔버 시스템                              대기 연구를 위해 장비를 준비하는 모습

기물 분해가 억제되어 30cm 이상의 이탄층이 형성되었다. 이러한 토양은 현재 유기탄소의 저장고 역할을 하고 있으나, 기후변화에 가장 민감한 지역으로 다량의 이산화탄소 방출이 예상된다. 1m 깊이의 영구동토층 코어링을 통해 활동층과 영구동토층에 있는 미생물 군집과 토양 유기탄소의 특성 차이를 분석하고, 기후변화에 어떻게 반응하는지 연구하고 있다.

Moss, lichen, *Carex*, dwarf shrubs are abundant in Council site. More than 30 cm peat materials are accumulated because organic matter is not easily decomposed due to high moisture contents and low temperature. This type of soil is a big reservoir of soil organic carbon. KOPRI try to understand microbial community distribution along microtopography and/or plant community. We are analyzing microbial community and soil characteristics in active and permafrost layers through 1 meter deep soil coring. Moreover, the research is going on studying the potential greenhouse gases release by the soil microbes in peat and thawing permafrost.

영구동토층 코어링 중인 연구원들

# 강과 호수의 마을 캠브리지 베이
## Halmet of Lakes and Rivers, Cambridge Bay

북위 69°의 캠브리지 베이(Cambridge Bay)는 캐나다의 누나부트 준주(Nunavut territory)에 속하는 작은 마을로, 빅토리아섬의 남동쪽 해안에 위치하고 있다. 이곳의 전체 면적은 202.2km²이고 인구는 1,600여 명이다.

캠브리지 베이는 이누이트어로 'Ikaluktuutiak'인데, 이는 좋은 낚시터라는 뜻을 가지고 있다. 이름에 걸맞게 캠브리지 베이에는 낚시에 적합한 많은 호수와 강이 있다. 캠브리지 베이는 약 4,000년 전 바다표범과 순록을 사냥하던 사람들이 발견하고 정착한 것으로 알려져 있다. 이후 이누이트인들은 순록과 사향소 등 동물을 사냥하고, 곤들매기류(arcticchar, 연어과의 민물고기)를 낚시하며, 캠브리지 베이에 정착하여 살고 있다.

Cambridge Bay (69°N) is a hamlet located in the southeast side of Victoria island in Nunavut, Canada. The overall area is 202.2 km² with a population of about 1,600. The traditional Inuinnaqtun name for the area is Ikaiuktuutiak meaning 'good fishing place'. As the name indicates, there are many lakes and rivers that lure the anglers. The Bay was first discovered, and inhabited, 4,000 years ago by seal and reindeer hunters. These Inuits survived by hunting reindeer, musk-oxen, or fishing arctic char.

The average temperature during the summer (June to September) is 4.2℃, and during the winter the temperature drops to -23.8℃. The annual precipitation is about 140 mm, half of which is rain during

캠브리지 베이 연구지 전경

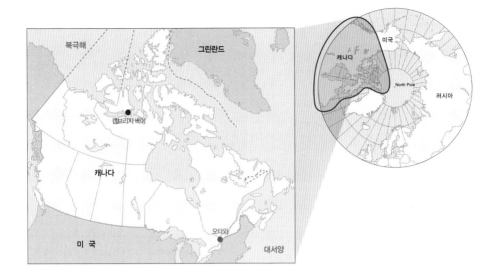

캠브리지 베이의 평균 온도는 여름철(6~9월) 4.2℃, 겨울철(10~5월) 영하 23.8℃이다. 연평균 강수량은 약 140mm이며, 강수량의 절반은 여름철 비로 내리고 나머지는 눈으로 내린다. 기후 예측 모델에 의하면 캠브리지 베이의 경우 2040~2069년 사이 20세기 후반보다 온도가 3.9℃ 증가하고, 강수량은 18.6mm가 증가할 것으로 예측되고 있다.

누나부트 준주에는 200종 이상의 현화식물이 분포한다고 알려져 있다. 식물종수는 많지 않지만, 북극의 혹독한 겨울을 견디고, 24시간 빛이 있는 짧은 여름(백야) 동안 빠르게 생장을 하는 북극 환경에 아주 잘 적응되어 있다. 민담자리꽃나무나 뿌리두메양귀비는 꽃이 태양을 향해 피는데, 태양빛이 식물의 종자 생산을 촉진시켜주는 역할을 한다. 북극 식물 표면에는 반투명한 털로 덮인 경우가 많은데, - 예를 들어 왕관송이풀 - 식물체의 털은 바람의 방향을 바꾸고 식물체를 따뜻하게 보호하는 역할을 한다. 또한 툰드라 지역의 많은 식물들은 매트, 방석 또는 로제트 모양으로 땅에 납작하게 붙어 자라는데, 겨울철 강한 바람으로 인한 건조를 막는 데 매우 효과적이다.

캠브리지 베이에는 순록, 사향소, 흰여우, 붉은

the summer and the other half is snow. According to the climate model prediction, it is expected that between the years 2040-2069 the temperature and precipitation will increase about 3.9℃, and 18.6 mm, respectively.

In Nunavut territory, there are about 200 flowering plants. Even though there are not many plants in the tundra region, these plants have adapted well to this region. They suffer through long and tough winters and use unending sunlight during the summer to grow. *Dryas integrifolia* and *Papaver radicatum* are good examples of these tundra plants. They flower towards the sunlight, promoting seed production. In addition, the plants have translucent hairs (*Pedicularis capitata*), which deflect winds to different directions and warms the plants. Furthermore, many plants have formed mats, cushions or rosettes, in order to prevent dryness.

The white fox, red fox, wolf, wolverine, etc. are major mammals inhabiting the Cambridge Bay area. These animals adapted well. For instance, a reindeer and a musk-ox have heavy furs that stabilize their body temperature. They also have crescent moon shaped hooves, which they use to find food in the snow. Both of these animals are good

긴발톱멧새                           도요류

여우, 늑대, 오소리류 등의 포유동물이 서식하고 있다. 동물들 또한 혹독한 툰드라의 기후에 적응해 있다. 순록이나 사향소는 보온을 위해 두꺼운 털가죽이 있고, 초승달 모양의 발굽으로 눈 사이 먹이를 찾을 수 있다. 순록이나 사향소는 북극 연안에 사는 사람들에게 훌륭한 식량과 따뜻한 겨울옷을 제공해주는 중요한 자원이다. 캠브리지 베이에서 볼 수 있는 새는 흰올뻬미, 고니, 기러기류, 오리류, 갈매기류 등이다. 이들 대부분은 세계의 다른 지역에서도 볼 수 있지만, 캠브리지 베이에서는 5월 중순에서 8월까지 이 지역으로 돌아오는 수많은 철새들을 볼 수 있다.

캠브리지 베이는 겨울에도 매일 옐로우나이프에서 출발하는 항공기가 운항되어 접근이 쉬운 북극 연구지이다. 캐나다는 독특하고 연약한 북극

resources for Inuits as food and clothes. The common birds that can be seen in Cambridge Bay are snowy owl, swan, geese, ducks, sea gulls, etc. We can see a large number of these migratory birds in Cambridge Bay from mid-May to August.

Transport-wise, there are flights from Yellowknife to Cambridge Bay everyday even in the winter, which makes this place very convenient for research. Recently, Canada designated Cambridge Bay as a potential spot for the new Canadian High Arctic Research Station (CHARS) to protect the fragile Arctic environment. CHARS is scheduled for opening in 2017. We try to promote multidisciplinary research and reinforce our research capacities by collaborating with Canada.

A new experiment for manipulating

민담자리꽃나무가
무리지어 있는 연구지

대기 온습도 측정장비

온도 상승 효과를 실험하기 위해 설치된 온도상승챔버

생태계 보호를 위해 캠브리지 베이에 2017년까지 캐나다의 새로운 고위도 극지연구기지(CHARS, Canadian High Arctic Research Station) 건설을 추진하고 있다. 우리나라도 캐나다와 협력하여 이곳에서 다학제적인 연구를 추진하고, 북극에 대한 연구역량 강화를 하고자 한다.

극지연구소에서는 온도와 강수량 변화가 생물과 토양 특성에 미치는 영향에 관한 연구를 진행하고 있다. 캠브리지 베이의 미래 온도와 강수량 증가에 대한 모델 예측결과를 바탕으로, 2012년부터 대표식생인 민담자리꽃나무가 자라는 지역에 개방형 온도상승챔버를 설치하고 물주기(강수량 증가) 실험을 시작했다. 이를 통해 온도와 강수량의 독립적 효과 및 상호작용이 식물 생장, 토양 미생물, 토양 특성에 미치는 영향을 이해할 수 있다.

temperature and precipitation under Entire-leaf Mountain Avens in Cambridge Bay has been initiated in 2012. Increased temperature and precipitation are expected in this region through the Model prediction. KOPRI expects to understand both independent and interactive effects of temperature and precipitation on plants growth, soil microbial community structure and functions, and soil properties.

식생과 토양에 대한 조사를 하고 있는 연구원들

# 북극 생태계의 또 다른 주인공
# 광합성을 하는 균(菌) – 지의류
## Another protagonist of the Arctic ecosystems
## Photosynthetic Fungi - Lichens

북극에 가면 우리나라에서는 눈에 잘 띄지 않던 지의류를 자주 볼 수 있다. 지의류는 북극의 토양을 안정하게 만들고 토양에 유기물을 제공하며, 1차 생산자의 구성원으로 북극 생태계를 유지하는 매우 중요한 생물이다.

지의류는 곰팡이나 버섯 같은 균류가 녹조류나 남세균 같은 광합성 생물과 함께 살아가는 공생 생물체이다. 그런데 이런 공생관계는 매우 안정되어 지의류의 형태나 생물학적인 특징이 자손에게

If you go to the Arctic, you can often see the lichens that are not noticeable in Korea. Lichens stabilize soil in the Arctic and provide organic matter. They are very important living things to maintain the Arctic ecosystem as a member of the primary producers.

Lichens are symbiotic organisms in which fungi such as molds or mushrooms live together with photosynthetic organisms such as green algae or cyanobacteria. However, this

촬영지: 알래스카 스쿠컴

촬영지: 알래스카 카운실          촬영지: 알래스카 카운실

그대로 유전된다. 그렇다면 지의류는 균류인가? 아니면 조류나 세균인가? 지의류를 연구하는 학자들 대부분은 지의류가 '특수한 영양 방법을 가진 균류'라는 의견을 가장 널리 받아들인다.

전체 균류 약 6만 4,000종에서 21%가 지의류로 살아간다. 지의류로 살아가는 균류는 곰팡이와 같은 자낭균이 대부분이지만, 버섯과 같은 담자균도 몇 종류 있다. 지의류로 살아가는 균류는 독립적으로 살아가는 다른 균류와 비교해 세포의 구조, 생식세포의 특징 등이 기본적으로 다르지 않다. 지의류와 균류의 유일한 차이점은 지의류가 광합성 생물과 안정된 공생관계를 유지한다는 것이다.

지의류에서 광합성을 담당하는 공생생물은 약 100여 종이 알려져 있다. 대표적인 것으로 단세포 녹조류인 트레복시아(*Trebouxia*)속, 가는 실모양의 사상체 녹조류인 오랑캐꽃말(*Trentepohlia*)속, 남세균인 구슬말(*Nostoc*)속이 있다. 지의류의 색은 공생하는 광합성 생물에 주로 영향을 받는다. 예를 들어 트레복시아가 공생하면 녹색, 오랑캐꽃말이 공생하면 황록색, 남세균이 공생하는 경우 청갈색 또는 청록색을 띤다. 지의류의 색은 2차 대사산물에 의해서도 결정된다. 회녹색의 경우 아트라노린(atranorin), 황록색은 우스닉산(usnic acid), 레몬색은 리조카르픽산(rhizocarpic acid)이나 엔토테인(entothein), 그리고 붉은색은

symbiotic relationship is very stable so that forms of Lichens or biological characteristics are inherited to the offspring. If so, are Lichens fungi? If not, are Lichens algae or bacteria? Most scholars studying Lichens most widely accept the idea in which Lichens are 'fungi with special nutritional methods'.

Lichens account for 21% of approximately 64,000 species of total fungi. Most fungi which live as Lichens are sordaria fimicola which mold belongs to. However, there are some kinds of Basidiomyces like mushrooms. Fungi which live as Lichens are not basically different in structure of cell and characteristics of reproductive cells compared with other fungi independently living. The only difference between Lichens and fungi is that Lichens maintain the stable symbiotic relationship with photosynthetic organisms.

It has been known that symbiotic organisms responsible for photosynthesis in Lichens consist of approximately 100 species. They consist of *Trebouxia* Genus which is unicellular green algae, *Trentepohlia* which is trichome green algae which look like thin thread and *Nostoc* Genus which is cyanobacteria. The color of Lichens is mainly affected by symbiotic photosynthetic organisms. For example, if Trebouxia has a symbiotic relationship, it is green. If Trentepohlia has a symbiotic relationship, it is yellow-green. If Nostoc has a symbiotic relationship, it is bluish brown or bluish

촬영지: 스발바르 뉘올레순　　　촬영지: 알래스카 스쿠컴　　　　　　촬영지: 스발바르 뉘올레순

로도클라돈산(rhodocladonic acid)이나 파리에틴(parietin)에서 유래한다.

지의류는 지구상의 거의 모든 육상 환경에 존재한다. 열대우림에서 남극과 북극까지, 습지에서 사막까지, 하와이섬에서 에베레스트 고산지대까지, 일반 식물이 살 수 없는 곳에서도 지의류는 살아간다. 이렇게 다양한 환경 어디에서나 생존할 수 있는 것은 건조한 상태를 잘 견디는 특성 때문이다. 지의류는 종에 따라 필요한 최소 수분량이 다르지만, 대부분 체내 수분이 전체 중량의 10% 이하가 되어도 살 수 있다. 이때 지의류는 광합성을 중단했다가 물을 흡수하면 광합성을 다시 시작한다. 종에 따라 건조 중량의 200~300%나 되는 물을 흡수하기도 한다. 온도가 0℃ 이하로 낮아지면 건조한 상태로 전환하여 얼어붙는 것을 막는다. 지의류는 이와 같이 건조와 흡수를 잘 조절하여 극한 환경에서도 살 수 있는 것이다.

지의류는 환경 변화에 민감하게 반응하기 때문에 지표식물로 이용되기도 한다. 예를 들어 매화나무지의(Parmotrema tinctorium)는 대기 오염

green. The color of Lichens is determined by secondary metabolites. Olive gray, yellow-green, lemon and red colors are derived from atranorin, usnic acid, rhizocarpic acid or entothein, rhodocladonic acid or parietin, respectively.

Lichens exist in almost every terrestrial environment on earth. Lichens live in regions from rainforest to the Arctic and Antarctic, from wetlands to desert and from Hawaii to Mount Everest. They live in area where general plants cannot live. The reason why they can survive in anywhere with various environments is that they have characteristics to withstand dry conditions. Minimal essential moisture is various based on species of Lichens, but they can live if the body water is less than 10% of entire weight. At the time, Lichens stop photosynthesis and they resume it when they absorb water. Some species absorb water 200-300% as much as dry weight. If the temperature is below 0℃, it is converted to the dry state to prevent the freezing. Lichens can survive in the extreme environments by adjusting dryness and

촬영지: 캐나다 캠브리지 베이　　　　　촬영지: 알래스카 스쿠컴

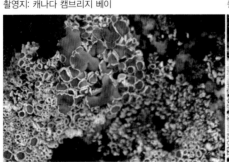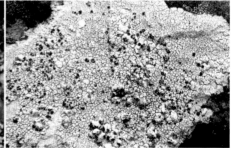

에 특히 민감하게 반응하여 이산화황($SO_2$) 농도가 0.02ppm을 넘으면 살지 못하는 것으로 알려져 있다.

지의류는 북극에 널리 분포하고 있다. 스피츠베르겐섬에서는 석회깔때기지의(*Cladonia pocillum*), 사슴지의(*Cladonia rangiferiana* ssp. *grisea*), 연노란영불지의(*Flavocetraria cucullata*), 영불지의(*Cetraria islandica* ssp. *orientalis*), 검은이삭갈기지의(*Alectoria nigricans*) 등을 볼 수 있다. 그린란드 자켄버그에서는 *Lecidea atrobrunnea, Umbilicaria virginis, Cetrariella delisei, Flavocetraria nivalis, Peltigera leucophlebia, P. rufescens, Stereocaulon alpinum, Psoroma hypnorum* 등을 관찰할 수 있다. 알래스카 수어드반도에서는 *Cladonia arbusculoides, Cladonia rangiferina, Cladina stygia, Stereocaulon tomentosum* 등을 관찰할 수 있다.

absorption.

Since Lichens are sensitive to environmental changes, it can be used as indicator plants. For example, since *Parmotrema tinctorium* is especially sensitive to air pollution, it is known that it cannot live when the concentration of sulfur dioxide ($SO_2$) is over 0.02 ppm.

Lichens are widely distributed in the Arctic. In Spitsbergen island, *Cladonia pocillum, Cladonia rangiferiana* ssp. *grisea, Flavocetraria cucullata, Cetraria islandica* ssp. *orientalis* and *Alectoria nigricans* can be seen. In Zackenberg, Greenland, *Lecidea atrobrunnea, Umbilicaria virginis, Cetrariella delisei, Flavocetraria nivalis, Peltigera leucophlebia, P. rufescens, Stereocaulon alpinum* and *Psoroma hypnorum* can be observed. In Seward Peninsula, Alaska, *Cladonia arbusculoides, Cladonia rangiferina, Cladina stygia* and *Stereocaulon tomentosum* can be observed.

촬영지: 스발바르 뉘올레순

1

양치식물

Pteridophyte

001

# 북극다람쥐꼬리

*Huperzia arctica* (Grossh. ex Tolm.) Sipliv.

Polar Fir Clubmoss

**S?** Huperzia: 17세기 사람 Johannes Huperz에서 유래 arctica: 북극

**Q** 다년생 상록성 초본. 수직으로 자라는 줄기가 다발처럼 모여 자란다.

**🌱** 높이 4~10cm. 뿌리는 곧은 뿌리가 없으며 옅은 갈색이다. 지표나 지하에 줄기가 없다. 잎은 잎자루가 없고 갓 모양으로 퍼져 있다.

**🔅** 포자낭은 잎겨드랑이에 생긴다.

**👥** 물기가 많은 풀밭이나 언덕, 유기물 함량이 높은 지역이나 이탄 지역에서 자란다. 그린란드, 러시아, 스발바르, 알래스카, 캐나다 북부에 분포한다.

Huperzia: After Johannes Huperz (17th century). arctica: Arctic. Perennial evergreen fern; Clustered upright shoots; Horizontal stems absent. 4-10 cm high; Taproot absent; Roots pallid-brown; Ground-level or underground stems not developed horizontally or vertically. Sporangia born in the axils of unmodified leaves. Wet meadows, hummocks, with high organic content, or peat; Alaska, Northern part of Canada, Greenland, Russia, Svalbard.

1, 2 전체 모습
3 버드나무류와 함께 자라는 모습
4 무성아

📷

1, 2, 4 스발바르 뉘올레순
3 알래스카 스쿠컴

## 002 북극쇠뜨기

*Equisetum arvense* ssp. *alpestre* (Wahlenb.) Schönswetter & Elven

Polar Horsetail

**S?** Equisetum: 말꼬리
arvense: 들판
alpestre: 알프스 또는 아고산성의

다년생 초본. 영양줄기와 생식줄기가 따로 나며, 생식줄기는 초봄에 성숙한다.

높이 3~10cm. 녹색의 영양줄기는 마디가 뚜렷하게 구분되며, 마디는 작은 잎으로 둘러싸인다. 줄기에는 세로줄 모양의 능선이 3~4개 있다.

포자는 생식줄기 끝에 있는 럭비공 모양의 포자낭이삭(포자수)에서 만들어진다.

축축한 저지대, 늪지대, 이끼가 덮인 지역과 같이 습한 곳에서 자란다. 그린란드, 스발바르, 알래스카, 캐나다 북부에 분포한다.

Equisetum: Horsetail. arvense: In the fields. alpestre: Alps or alpestrine. Perennial fern; Different types of body, fertile and vegetative stems; Fertile stems mature early in the spring. 3-10 cm high; Vegetative stems green; Jointed with nodes covered by whorls of tiny leaves; 3-4 ridges. Sporangia in terminal cone-like structure. Mossy carpet, wet muddy soil of lake; Alaska, Northern part of Canada, Greenland, Svalbard.

1 군락을 이룬 모습
2 개울가에서 자라는 모습
3 토양 크러스트(crust) 위에 자라는 모습
4 포자낭이삭이 달린 생식줄기
5 너덜사면에 있는 군락

📷

1, 2, 4, 5 스발바르 롱이어뷔엔
3 스발바르 뉘올레순

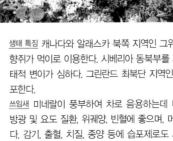

생태 특징 캐나다와 알래스카 북쪽 지역인 그위친(Gwich'in)에서는 기러기와 사향쥐가 먹이로 이용한다. 시베리아 동북부를 제외한 북극 전역에 분포하며 형태적 변이가 심하다. 그린란드 최북단 지역인 북쪽 해안가 북위 82도까지 분포한다.

쓰임새 미네랄이 풍부하여 차로 음용하는데 내장 출혈, 신장 결석, 류머티즘, 방광 및 요도 질환, 위궤양, 빈혈에 좋으며, 머리카락과 손발톱을 강하게 해준다. 감기, 출혈, 치질, 종양 등에 습포제로도 사용한다. 달인 물은 머리카락을 자라게 하고 비듬과 이를 없애준다고 알려져 있다.

003 **좀속새**

*Equisetum scirpoides* Michx.

Dwarf Horsetail

**S²** Equisetum: 말꼬리

🔍 다년생 초본. 줄기에는 세로줄 모양의 능선이 6~8개 있다.

🌱 높이 5~10cm. 줄기는 마디가 뚜렷하게 구분되며, 마디는 작은 잎으로 둘러싸인다.

🔵 포자낭이삭(포자수)은 럭비공 모양이며 생식줄기 끝에 형성된다.

👥 산등성이, 배수가 원활한 지역, 암석, 자갈, 유기함량이 낮은 지역에서 자란다. 그린란드, 미국 북부, 스발바르, 알래스카, 캐나다 북부에 분포한다. 한반도 북부 산간에도 서식한다.

Equisetum: Horsetail. Perennial fern; Stems with 6-8 ridges; Thinner than *E. arvense* ssp. *alpestre*. 5-10 cm high; Stems jointed conspicuously with nodes covered by whorls of tiny leaves. Sporangia in terminal cone-like structure. Ridges, moderately well drained areas, rocks, gravel with low organic content; Alaska, Northern part of Canada, Greenland, Svalbard, Northern part of USA, Northern mountains of the Korean Peninsula.

1~3 습지에서 자라는 모습
4 메모리카드와 크기 비교

1~4 스발바르 뉘올레순

### 004 향주저리고사리

*Dryopteris fragrans* (L.) Schott

Fragrant Woodfern, Fragrant Shield Fern

- Dryopteris: 가시가 있는, 가시가 많은 양치식물 fragrans: 향기
- 다년생 초본. 오래되고 돌돌 말린 적갈색의 잎들이 근경에 붙어 있다.
- 높이 8~18cm. 잎은 대부분 기저부에 마주나는 복엽이다. 상록성이다.
- 포자는 포자낭에서 나온다. 포자낭군에 독특한 포막이 있다.
- 북극, 또는 고산지대. 그린란드, 러시아, 미국 북부, 알래스카, 캐나다에 분포한다.

Dryopteris: Thorny or prickly pteridophyta. fragrans: Fragrance. Perennial fern; Many old reddish-brown, curled leaves arising from a thick root stalk. 8-18 cm high; Leaves mostly basal, alternate, compound, evergreen. Spores born in sporangia; Sori with a distinct indusium. Arctic or alpine; Alaska, Northern part of Canada, Greenland, Russia, Northern part of USA.

1 암석 틈에서 자라는 모습
2 스쿠컴 고개를 배경으로 촬영한 모습
3 잎 뒷면의 포자낭군
4 포자낭군이 성숙한 잎(오른쪽)과 미성숙한 잎(왼쪽)의 비교

1~4 알래스카 스쿠컴

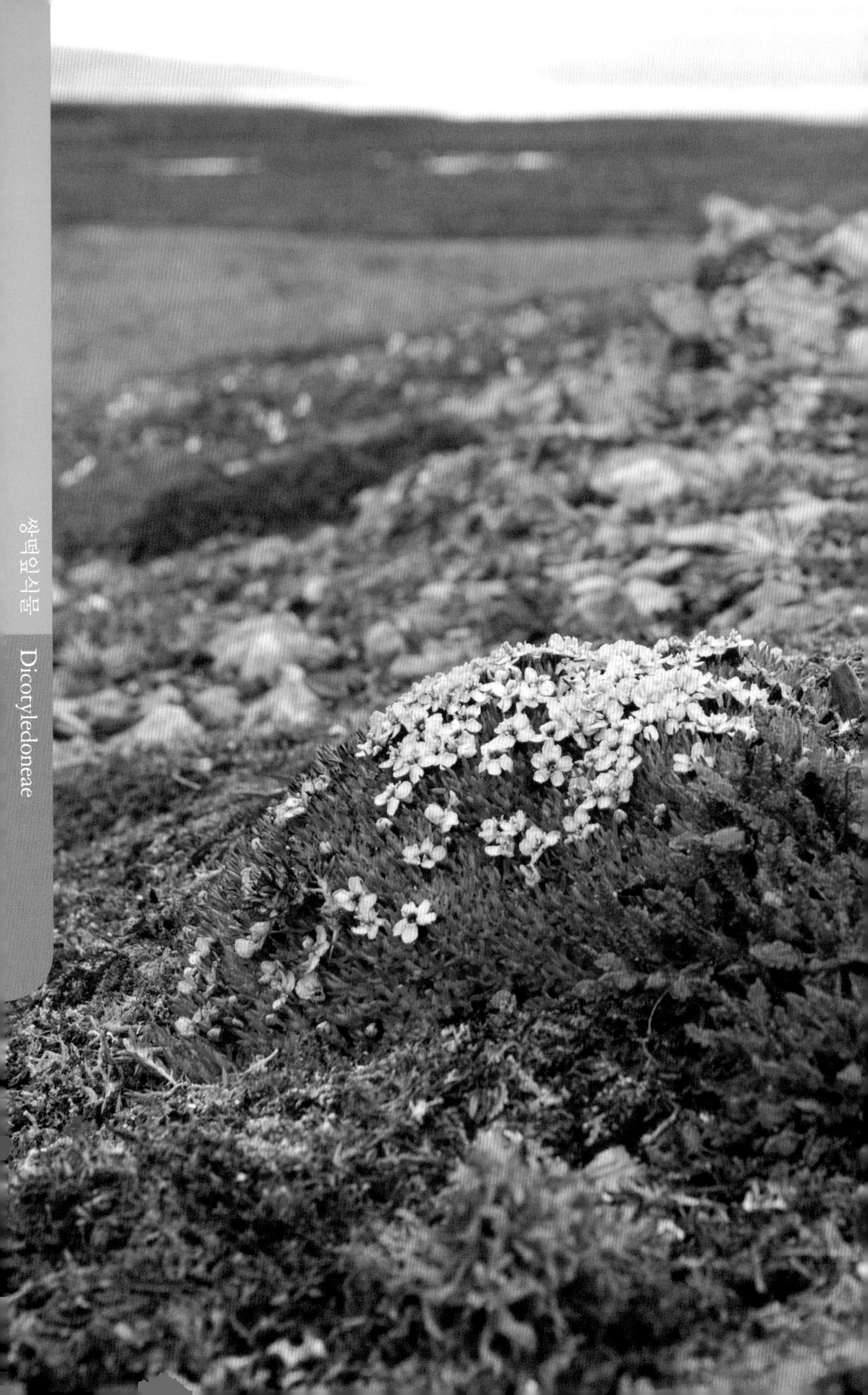

쌍떡잎식물

Dicotyledoneae

005

# 북극버들

*Salix arctica* Pall.

Arctic Willow

Salix: 버드나무
arctica: 북극

아주 작은 관목. 대부분 중앙 줄기로부터 작은 줄기가 나와 기는 형태로 매트 모양을 이룬다.

높이 3~25cm. 잎가장자리의 아래쪽에 선모가 있다. 잎 크기와 형태는 매우 다양하다.

잎눈이 달린 미상꽃차례. 여러 개의 미상꽃차례 중 하나는 작년의 줄기 끝단 바로 아래에 있다.

북극의 다양한 서식처에서 자란다. 그린란드, 러시아, 미국 북부, 아이슬란드, 알래스카, 캐나다 북부에 분포한다.

Salix: Willow. arctica: Arctic. Dwarf shrub; Often forming prostrate mats spreading from a central stem. 3-25 cm high; Leaf margins with glandular hairs toward base only; Leaf size and shape varies. Catkins flowering with the opening of leaf buds; One to several catkins just below tip of previous year's shoot. Grow in most arctic habitats; Alaska, Northern part of Canada, Greenland, Iceland, Russia, Northern part of USA.

1 북극버들 군락
2, 5 수꽃
3, 4 열매

1~5 그린란드 자켄버그

생태 특징 그린란드에서 사향소, 눈토끼, 목도리나그네쥐의 주요 먹이 중 하나이다.
크기는 작아도 오래 살고, 극한의 북극기후에서는 매우 느리게 자란다.

1, 5 열매가 터져서 갓털 달린 씨가
나오는 모습
2 지면으로 벋은 줄기
3 잎과 열매
4 수꽃
6, 7 씨가 날아가고 껍질만 남은 모습

1~3, 5~7 그린란드 자켄버그
4 캐나다 캠브리지 베이

006 **북극콩버들**

*Salix polaris* Wahlenb.

Polar Willow

**S?** Salix: 버드나무
polaris: 극지

🔍 다년생의 크기가 아주 작은 관목. 식물체는 땅에 붙어서 기는 형태이고, 암그루와 수그루가 따로 있다.

🌱 높이 1~5cm. 잎은 어긋나고, 원형 또는 긴 타원형이며 잎의 표면에 털이 난다.

⚙ 꽃은 이른 봄에 줄기 끝에 피며, 꽃잎이 없고 터지기 전 꽃밥은 붉은색이나 터지면 노란색이다. 열매는 적갈색 삭과이며, 털 때문에 회색으로 보이기도 한다.

🏞 거의 모든 토양에서 자라고, 러시아, 스발바르, 알래스카, 캐나다 북부에 분포한다.

Salix: Willow. polaris: Polar regions.
Perennial prostrate dwarf shrub;
Flowers unisexual; Male and female
spikes on separate plants. 1-5 cm
high; Leaves alternate; Blades
rounded and scattered hairs on the
surface. Flowers early in the season;
Without floral leaves; Terminal on
short shoots; Fruits in form of dark
reddish-brown capsule. Common and
often dominant in heaths and slopes,
and grow on almost any soil types;
Alaska, Northern part of Canada,
Russia, Svalbard.

2

3

1 수꽃
2 암꽃
3 암꽃과 열매껍질
4 수꽃이 시든 모습

1~4 스발바르 뉘올레순

4

1 수꽃이 핀 모습
2 줄기와 뿌리
3 이끼와 함께 자라는 모습
4, 6 열매가 터져서 씨가 날리는 모습
5, 7 열매

1~6 스발바르 뉘올레순
7 스발바르 롱이어뷔엔

# 007

# 그물잎버들

*Salix reticulata* L.

Netleaf Willow

**S²** Salix: 버드나무
reticulata: 작은 주름

크기가 아주 작은 관목. 잎에 붉은색 벌레주머니가 종종 있다. 잎은 둥글고 뚜렷한 망상맥이 있다.

높이 3~15cm. 지상부의 줄기는 땅 위로 포복한다. 가지는 황갈색 또는 적갈색이고 털이 없다. 새로 나는 잎에는 미세한 흰색 털이 있다.

잎눈이 달린 꼬리꽃차례. 암꽃차례와 수꽃차례에 꽃이 빽빽하게 핀다.

자갈 및 모래 해변의 습한 툰드라에서 자란다. 알래스카, 그린란드, 캐나다 북부, 러시아에 분포한다.

Salix: Willow. reticulata: With small wrinkles. Dwarf shrub; Leaves often bear red insect galls; Round leaves with reticulate vein. 3-15 cm high; Prostrated aerial stems; Yellow-brown or red-brown, glabrous branches; Emerging leaves covered with fine white hairs. Catkins flowering with the opening of leaf buds; Male and female catkins densely flowered. Growing in moist tundra on gravel and sand beaches; Alaska, Northern part of Canada, Greenland, Russia.

1 잎
2 암꽃
3 열매
4 성숙한 열매
5 동전과 크기 비교

📷
1~3 캐나다 캠브리지 베이
4, 5 알래스카 카운실

008

# 난장이자작

*Betula nana* L.

Dwarf Birch

**S²** Betula: 자작나무
nana: 작은

🔍 관목. 사마귀샘이 없는 줄기가 매트 모양을 이룬다.

🌿 높이 10~30cm. 지상부의 줄기는 땅 위로 뻗거나 포복
한다. 회갈색 또는 갈색의 털이 빽빽하다.

🌸 잎눈이 달린 꼬리꽃차례. 암꽃차례는 꽃이 빽빽하게 피
고 반구형이다. 수꽃은 작고 빛깔이 엷다.

👥 대부분의 툰드라나 암석지대(불모지)에 자란다. 그린란
드, 미국 북부와 서부, 스발바르, 아이슬란드, 알래스
카, 캐나다 북부에 분포한다.

Betula: Birch. nana: Small. Shrub;
Matted stems that lack warty
glands. 10-30 cm high; Aerial stems
decumbent or prostrate, densely
hairy, colored in grey-brown or
brownish. Catkins flowering with
the opening of leaf buds; Female
catkins densely flowered, subglobose;
Staminate flowers inconspicuous.
Growing in tundra or on rocks
(barrens); Alaska, Northern part
of Canada, Greenland, Iceland,
Svalbard, Western and Northern part
of USA.

1~4 열매가 성숙하는 모습

1~4 알래스카 카운실

생태 특징 북극해 연안 주변에 광범위하게 분포한다.

기타 세계자연보호연맹(IUCN)이 제시한 멸종위기종 평가기준에
의하면 중유럽과 동유럽의 멸종위기종이다.

## 009 씨범꼬리

*Bistorta vivipara* (L.) S.F. Gray

Alpine Bistort

- Bistorta: 두 번 꼬인
  vivipara: 태생

- 다년생 초본. 꽃이 핀 줄기 아래쪽에 어두운 붉은색의 무성아가 생긴다.

- 높이 5~12cm. 뿌리 주변에서 나오는 잎은 달걀 모양 또는 끝이 뾰족한 타원형이고, 줄기에서 나오는 잎은 잎자루가 없는 피침형이다.

- 흰색 또는 붉은색의 꽃이 줄기에 빽빽하게 붙어서 이삭 모양으로 핀다. 암술머리는 3개로 길게 꽃 밖으로 나온다.

- 거의 모든 토양에서 자라고, 그린란드, 러시아, 미국 북부와 서부, 스발바르, 아이슬란드, 알래스카, 캐나다 북부에 분포한다. 한반도 백두산에도 분포한다.

Bistorta : Twist twice. vivipara: Giving birth to living children. Perennial herb; Dark red bulbils, especially in the lowest part of the spike. 5-12 cm high; Lower leaves ovate-lanceolate; Stem leaves sessile and lanceolate. Flower spike densely covered with small white or pink flowers; Pistil 1, styles 3, lengthen out of flower. Growing on almost any substrate; Alaska, Northern part of Canada, Greenland, Iceland, Russia, Svalbard, Western and Northern part of USA, Mt. Baekdu of the Korean Peninsula.

1~4 다양한 서식지에서 꽃이 핀 모습

1, 2, 4 스발바르 롱이어뷔엔
3 스발바르 뉘올레순

<u>쓰임새</u> 땅속줄기는 약간 떫은맛이 있으나 전분이 풍부하고 달며
견과 향이 난다.

010 
# 쇠비름아재비

*Koenigia islandica* L.

Iceland-purslane

§ Koenigia: 덴마크 사람 Johann Gerard Koenig의 이름
islandica: 섬

🔍 1년생 초본. 가늘고 약하다. 가지가 없고 적갈색이다.

🌱 높이 2~3cm. 잎은 거꿀달걀형이다.

🌼 꽃은 가장 위에 있는 작은 황록색 꽃을 중심으로 돌려난다. 열매는 매우 작은 수과이다.

🏞 대부분 암석이 많은 불모지에 자란다. 그린란드, 미국 북부, 스발바르, 아이슬란드, 알래스카, 캐나다 북부에 분포한다.

Koenigia: After Danish Johann Gerard Koenig. islandica: From Island. Annual herb; Delicate; Unbranched reddish-brown. 2-3 cm high; Leaves obovate. The uppermost parts form a whorl just beneath minute yellowish-green flowers; Fruits very small achence. Growing on bare ground often among stones in places; Alaska, Northern part of Canada, Greenland, Iceland, Svalbard, Northern part of USA.

**생태 특징** 북극 섬들에 존재하는 몇 안 되는 1년생 식물 중 하나이다. 양지바르고 바람을 피할 수 있는 곳에서 자란다. 성숙된 개체는 크기가 5cm 이하이다. 북극과 아북극 전역에 분포하는 환북극식물이다.

1 습지에서 자라는 모습
2 꽃이 핀 모습
3 동전과 크기 비교
4 폐석탄지에 자라는 모습

📷
1~3 스발바르 롱이어뷔엔
4 스발바르 뉘올레순

011 **나도수영**

*Oxyria digyna* (L.) Hill

Mountain Sorrel

**S?** Oxyria: '시다', '신맛을 가진'에서 유래
digina: 2개의 암술

🔍 다년생 초본. 열매는 납작하고 날개가 있으며, 붉은색 견과이다.

🌱 지표면에 로제트가 있고 꽃대는 높이 5~20cm로 올라온다. 잎은 어긋나며 콩팥 모양이고, 잎자루의 길이는 잎의 2~3배이다.

⚙️ 여름에 붉은색 또는 초록색의 꽃이 피며, 꽃받침과 꽃잎이 분화되어 있지 않다.

🏞️ 토양 특성에 무관하나, 산성 토양에서 좀 더 자주 보인다. 그린란드, 미국 북부와 서부, 스발바르, 아이슬란드, 알래스카, 캐나다 북부에 분포한다. 한반도 북부 산간지대와 백두산에서도 자란다.

Oxyria: 'oxys' for sour and 'aria' for possession. digina: Two pistil. Perennial herb; A flat and winged nut, reddish. A rosette at the ground level; Flowering stems erect, 5-20 cm; Leaves alternate, reniform; Petioles 2-3 times the length of the blades. Flowering season during summer; Flower in pink or green; Floral leaves tepals, i.e., not differentiated into sepals and petals. Indifferent as to soil pH but more common in acidic soils; Alaska, Northern part of Canada, Greenland, Iceland, Svalbard, Western and Northern part of USA, Northern mountains of the Korean Peninsula and Mt. Baekdu.

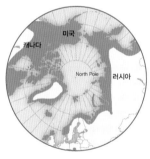

1, 2 꽃이 핀 모습
3 열매를 맺은 모습  4 꽃  5 열매

1, 2, 4, 5 스발바르 뉘올레순
3 스발바르 롱이어뷔엔

생태 특징 북미산 순록, 사향소, 기러기들이 잎을 먹고, 눈토끼와 나그네쥐는 다육성 땅속줄기를 선호한다.

쓰임새 잎에 옥살산이 함유되어 있어 신맛이 나고 샐러드나 샌드위치의 재료로 사용한다. 피부 염증이나 사마귀 등에 효과가 있는 찜질 재료로도 알려져 있다. 단, 과다 섭취 시 체내의 칼슘과 결합하여 신장 결석이 생길 수 있으므로 주의해야 한다.

012

# 분홍범꼬리

*Polygonum bistorta* L.

Pink Plumes, Meadow Bistort

- Polygonum: 마디가 많은
  bistorta: 두 번 꼬인

- 다년생 초본. 땅속줄기는 굵고, 뿌리는 20% 이상 타닌을 포함한다.

- 높이 15~25cm. 기저부의 잎은 창 모양으로 길고, 먹을 수 있다.

- 작고 밝은 분홍색의 꽃은 줄기의 끝에 뭉쳐난다.

- 고산지대의 초지 등지에서 자란다. 알래스카, 캐나다 동부에 분포한다.

Polygonum: Many nodes. bistorta: Twist twice. Perennial herb; Rhizome thick; Root containing up to 20% tannin. 15-25 cm high; Basal leaves long, lanceolate, edible. Flowers small, light pink, crustered on the top of tall flower spikes. Alpine meadows and heaths; Alaska, Eastern part of Canada.

1, 3, 4 꽃
2 군락을 이룬 모습

1~4 알래스카 스쿠컴

쓰임새 세포조직의 수축이나 지혈에 이용할 수 있다. 출혈, 설사, 이질, 콜레라 등의 치료에 이용하며 화상, 상처와 같은 외상 치료에도 쓰인다.

013 **북극벼룩이자리**

*Arenaria pseudofrigida* (Ostenf. & Dahl) Juz.

Fringed Sandworts

**s?** Arenaria: 모래 또는 모래사장
pseudo-: 가짜의. frigida: 차가운

**Q** 꽃잎은 5개이고 흰색이며, 수술머리는 흰색이고 독특
한 향이 있다.

**▲** 높이 2~8cm. 줄기에는 털이 없고 잎의 가장자리를 따
라 털이 있다.

**⊙** 꽃은 크고 풍성하게 나며, 꽃잎이 꽃받침보다 두 배 길
다. 암술머리가 세 갈래로 갈라진다.

**⊡** 자갈과 모래가 많은 지역, 해안에 가깝고 건조한 지역
에서 자란다. 그린란드와 스발바르에 분포한다.

Arenaria: Sand or sand field. pseudo-: Not genuine. frigida: Frigid and cold. Petals 5, colored in white including anthers; Noticeable scent in flowers. 2-8 cm high; Glabrous stems; Hairs along leaves' margin. Flower large, profuse; Petals twice as long as sepals; Stigma divided into three parts. Growing on gravel and sand, often on dry, calcareous shingle close to the shore; Greenland, Svalbard.

1, 2, 4 꽃
3 잎이 쇠락하고 꽃이 핀 모습

📷

1, 3 스발바르 롱이어뷔엔
2 스발바르 뉘올레순
4 그린란드 자켄버그

생태 특징 건조한 환경을 선호하는 내건성 종이다.

1

014

# 북극점나도나물

*Cerastium arcticum* Lge.

Arcitc Mouse-ear

Arctic Mouse-ear

Cerastium: 뿔
arcticum: 북극

다년생 초본. 꽃잎은 5개이고 흰색이며 꽃잎 끝이 얕게 2개로 갈라져 쥐의 귀 모양이다.

높이 5~10cm. 잎은 줄기를 따라 마주나고 잎자루가 없다. 잎은 빨리 시들고 털이 있다.

암술머리는 5개이고, 수술은 10개이다. 열매는 꽃받침이 있는 삭과이다.

습기가 있으나 물이 차지 않은 곳에서 자란다. 그린란드, 스발바르, 캐나다 북부에 분포한다.

Cerastium: Horn. arcticum: Arctic. Perennial herb; Petals 5, white, obtriangular, emarginate; Shallowly lobed, like 'mouse-ear'. 5-10 cm high; Leaves opposite, marcescent and hairy; Petioles absent. Styles 5, free; Stamens 10, yellowish green; Fruit with calyx persisting, capsule. Growing in fairly moist, but not wet places; Northern part of Canada, Greenland, Svalbard.

1, 2, 4 꽃
3 털로 덮인 잎

1, 3 스발바르 롱이어뷔엔
2 스발바르 뉘올레순
4 그린란드 자켄버그

015

# 북극개미자리

*Minuartia biflora* (L.) Schintz & Thellung

Tufted Sandwort, Mountain Stitchwort

Ⓢ Minuartia: 18세기 스페인의 식물학자 Juan Minuart
biflora: 꽃이 2개인

Ⓠ 다년생 초본. 줄기에 털이 있고 편평한 방석을 이루며
가로 누워 자란다.

🌱 높이 1~8cm. 기는줄기로 빽빽한 식물체를 이룬다. 잎
은 마주나며, 일찍 떨어지고 잎자루가 없다.

⚘ 꽃줄기에 잎과 털이 있고, 꽃차례에 1~3개의 꽃이 핀
다. 꽃잎은 5개로 서로 떨어져 있다. 열매에 꽃받침이
있는 삭과이다.

🏞 다양한 기질에서 자라며, 그린란드, 미국 북부, 스발바
르, 아이슬란드, 알래스카, 캐나다 북부에 분포한다.

Minuartia: After the Spanish botanist
Juan Minuart (18th century). biflora:
With two flowers. Perennial herb;
Decumbent plant in flat cushions.
1-8 cm high; Stoloniferous, compact;
Leaves opposite, marcescent; Petioles
absent. Flowering stems with leaves,
hairy; Flowers per inflorescence
1-3; Petals 5 free; Fruit with calyx
persisting, dry, a capsule. Growing in
various substrates; Alaska, Northern
part of Canada, Greenland, Iceland,
Svalbard, Northern part of USA.

1, 2 꽃
3 열매
4 동전과 크기 비교

1~4 스발바르 뉘올레순

016

# 유콘개미자리

*Minuartia yukonensis* Hultén

Yukon Stitchwort

S⁺ Minuartia: 18세기 스페인의 식물학자 Juan Minuart
yukonensis: 유콘

🔍 다년생 초본. 매트를 형성한다.

🌱 높이 10~30cm. 원줄기는 직립하거나 기다가 위로 자란다. 잎은 빽빽하게 겹쳐난다.

🌸 꽃은 컵 모양이다. 봄~여름에 개화한다. 열매 끝이 녹색이다.

🏔 건조하고 암석이 많은 경사, 초지, 고산지대에서 자란다. 러시아, 알래스카, 캐나다 북부에 분포한다.

Minuartia: After the Spanish botanist Juan Minuart (18th century). yukonensis: Yukon. Perennial herb; Mat-forming. 10-30 cm high; Stems erect to ascending; Leaves tightly overlapping. Flowers cup-shaped; Flowering spring-summer; Fruit apex green. Dry, rocky slopes and meadows; Alaska, Northern part of Canada, Russia.

1~4 꽃

 1~4 알래스카 스쿠컴

017

# 눈개미자리

*Sagina nivalis* (Lindbl.) Fr.

Snow Pearlwort

Sagina: 소가 먹는 풀
nivalis: 눈이 있는 곳에서 자라는

다년생 초본. 키가 작고 방석 모양으로 자라며, 다발을 이루고 털이 없다.

줄기는 기저부의 로제트 잎겨드랑이에서 방사형으로 나오며, 자주색으로 많은 분지가 있다. 다육질의 잎은 털이 없다.

작은꽃자루는 털이 없고 일자 모양이다. 꽃은 대부분 끝에서 피며, 꽃받침은 주로 자주색이다. 씨앗은 갈색으로 비스듬한 삼각형 모양이다.

모래, 자갈 및 바위 기질의 해안가, 충적평야, 빙퇴지역에서 자란다. 알래스카, 캐나다, 그린란드, 러시아, 미국 북부, 스발바르, 아이슬란드에 분포한다.

Sagina: Food for cows. nivalis: Growing near snow. Perennial herb; Forming low cushions, cespitose, glabrous. Stems radiating from axils of basal rosette leaves, purple, many-branched; Leaves fleshy, glabrous. Pedicels filiform, glabrous; Flowers mostly terminal; Sepals frequently purplish; Seeds brown, obliquely triangular. Sandy or gravelly beaches, coastal rocks, alluvial plains, fresh glacial moraine; Alaska, Canada, Greenland, Iceland, Russia, Svalbard, Northen part of USA.

1, 2, 3 꽃줄기가 길게 자란 모습
4 꽃

1~4 스발바르 뉘올레순

018

# 북극이끼장구채

*Silene acaulis* (L.) Jacq.

Moss Campion

[S²] Silene: 그리스 신화의 Silenus에서 유래
acaulis: 줄기가 없다.

[🔍] 수명이 긴 다년생 초본. 한 개체가 방석 모양이이다.

[🌱] 높이 2~8cm. 곧은뿌리(주근)가 있다. 잎은 밀집하여
마주나고 모양이 가늘고 끝이 뾰족하다. 죽은 잎은 수
년 간 남아 줄기 안쪽에서 잔가지를 보호한다.

[✿] 꽃은 줄기 끝에 한 개씩 피며 양성화 또는 암꽃이다. 꽃
잎은 5개, 열매는 삭과이다.

[🏞] 다양한 기질에서 자라며, 그린란드, 러시아, 미국 북서
부, 스발바르, 아이슬란드, 알래스카, 캐나다 북부에 분
포한다.

Silene: Named after Silenus. acaulis:
Without stem. Perennial, potentially
long-lived; Solitary herb forming
cushions, south side of the cushion
colored in pink (rarely white) flowers
first. 2-8 cm high; Tap root; Leaves
densely opposite, linear, acute;
Dead leaves persist for several years,
protecting the caudex branches.
Flowers singly in shoot apices,
bisexual or female; Petals 5, apex
slightly notched; Fruit with calyx
persisting, a capsule. Growing in
various substrates; Alaska, Northern
part of Canada, Greenland, Iceland,
Russia, Svalbard, Western and
northern part of USA.

1, 3 꽃
2 빙하후퇴지에서 꽃이 핀 모습
4 잎이 쇠락하는 모습

📷
1~4 스발바르 뉘올레순

1 암꽃
2 흰꽃
3~5 수꽃
6 5℃에서 꽃이 핀 모습

📷

1 스발바르 롱이어뷔엔
2, 4, 6 스발바르 뉘올레순
3 그린란드 자켄버그
5 알래스카 스쿠컴

ⓒ극지연구소

**생태 특징** 캐나다 로키산맥에서 250년을 살았다는 기록이 있으며, 최대 폭 2m, 높이 20cm까지 자란다. 묵은 잎이 오래도록 달려 있어 줄기와 뿌리를 추위와 건조한 바람으로부터 보호한다. 여름에 잎의 표면을 최대한 노출시켜 광합성을 도울 수 있는 방석 형태이다. 분홍색 꽃(가끔 흰색 꽃)이 남쪽 방향에서 먼저 핀다. 온난화로 꽃이 피는 시기가 앞당겨졌다.

019 **흰풍선장구채**

*Silene involucrata* ssp. *furcata* (Raf.) V.V. Petrovsky & Elven

Artic White Campion

S² Silene: 그리스 신화의 Silenus에서 유래
involucrata: 꽃을 둘러싼 총포
furcata: 갈색

다년생 초본. 꽃받침은 풍선처럼 부풀어 있으며 흰색의 꽃이 꽃받침 위로 나와 있다. 꽃받침은 서로 붙어 있고 자주색 능선과 흐린 연두색 골이 있다.

높이 5~15cm. 긴 타원형 잎이 로제트를 이루고 꽃줄기에 잎자루가 없는 잎이 2~3쌍 마주난다.

꽃줄기에 털이 있고, 꽃잎은 5개이며, 열매는 꽃받침이 있는 삭과이다.

양분이 풍부하고 건조한 곳에서 자란다. 그린란드, 러시아, 스발바르, 알래스카와 캐나다 북부에 분포한다.

Silene: Named after Silenus. involucrata: With a shelf around the flowers. furcata: Brown. Perennial herb; A balloon shaped flower; Petals white, up to calyx; Calyx sepals 5, fused, ribs purple. 5-15 cm high; Long egg-shaped leaves form basal rosettes; Flowering stems with 2-3 pairs of opposite leaves; Petioles absent. Flowering stems glandular hairs present, sometimes viscid; Petals 5, Fruit with calyx persisting, a capsule. Growing on moderately dry ground in nutrient-rich places; Alaska, Northern part of Canada, Greenland, Russia, Svalbard.

1, 3, 4 꽃
2 다른 식물과 함께 자라는 모습

📷
1~4 스발바르 롱이어뷔엔

1

020

# 북극풍선장구채

*Silene uralensis* ssp. *arctica* (Th.Fr.) Bocquet

Polar Campion

Silene: 그리스 신화의 Silenus에서 유래
uralensis: 러시아 우랄산맥
arctica: 극지

다년생 초본. 흰색 바탕에 자주색 능선이 있는 꽃받침은 풍선처럼 부풀어 있으며, 꽃잎은 작고 옅은 보라색이다.

높이 5~12cm. 줄기와 줄기의 잎, 꽃받침에는 긴 털이 있다. 폭이 좁은 주걱 모양 잎이 바닥에서 마주난다.

꽃줄기 끝에 1개의 꽃이 피며, 꽃잎은 5개, 열매는 곧추선 삭과이다.

다양한 기질에서 자라며, 그린란드, 러시아, 스발바르, 알래스카와 캐나다 북부에 분포한다.

Silene: Named after Silenus. uralensis: From the Ural mountains in Russia. arctica: Arctic. Perennial herb; A balloon shaped flower; Petals small and pale purple; Calyx sepals fused, ribs purple. 5-12 cm high; Stems, stem leaves, and calyx with long hairs; Basal leaves opposite, narrowly oblanceolate or spathulate, colored in green, or sometimes dark violet. Single flower in each floral axis; Petals 5; Fruit an erect capsule. Growing in various substrates; Alaska, Northern part of Canada, Greenland, Russia, Svalbard.

1, 2, 4 꽃
3 열매를 맺은 모습
5 동전과 크기 비교

1~5 스발바르 뉘올레순

1

021 **북극별꽃**

*Stellaria humifusa* Rottb.

Arctic Chickweed, Saltmarsh Starwort

**S²** Stellaria: 별
humifusa: 지면에 놓인

🔍 다년생 초본. 꽃잎은 5개이고 흰색이다. 꽃잎이 거의 밑부분까지 깊게 2개로 갈라져서 꽃잎이 10개로 보인다. 다른 식물 위를 포복하여 자란다.

🌱 높이 2~6cm. 다육질 식물체가 뭉쳐난다. 잎은 줄기를 따라 마주나며 빨리 시든다.

⚙ 꽃자루에 잎이 있고 잎겨드랑이에서 꽃이 핀다. 열매는 삭과이다.

🏞 해안가의 습한 곳, 습초지, 늪지에서 자란다. 그린란드, 러시아, 미국 북부, 스발바르, 아이슬란드, 알래스카, 캐나다 북부에 분포한다.

Stellaria: Star. humifusa: Laying on the ground. Perennial herb; Petals 5, colored in white, deeply cleft almost to the base; Creeping among other plants. 2-6 cm high; Fleshy and matted; Leaves opposite, marcescent. Flowering stems with leaves; Inflorescence axillary; Fruit with calyx persisting, a capsule. Growing in damp places near the seashore, wet meadows, marshes; Alaska, Northern part of Canada, Greenland, Iceland, Russia, Svalbard, Northern part of USA.

1, 4 꽃
2, 3 잎이 쇠락하고 꽃이 핀 모습

1~4 스발바르 롱이어뷔엔

1

022

# 툰드라별꽃

*Stellaria longipes* Goldie

Tundra Chickweed, Long-stalk Starwort

Stellaria: 별
longipes: 길다.

다년생 초본. 5개의 흰색 꽃잎은 최소 3/4까지 갈라져 있다. 암술대는 길고 3~4개 있다. 꽃가루는 노랑, 빨강, 또는 갈색이다.

높이 3~8cm. 잎은 줄기를 따라 마주나며 빨리 시든다.

꽃자루에 잎이 있고, 수술은 5~10개이며, 열매는 삭과이다.

주로 석회질의 건조한 곳에서 발견되나, 습한 곳에서도 볼 수 있다. 그린란드, 미국 북부, 스발바르, 알래스카, 캐나다에 분포한다.

Stellaria: Star. longipes: Long. Perennial herb; 5 white petals split at least 3/4; 3-4 long styles; Anthers yellow, red, or brown. 3-8 cm high; Leaves opposite, marcescent. Flowering stems with leaves; stamens. 5-10; Fruit with calyx persisting, a capsule. Generally found in dry places on calcareous substrates; Alaska, Canada, Greenland, Svalbard, Northern part of USA.

생태 특징 유전자 다양성이 높기 때문에 변화가 심하고 안정되지 않은 북극과 아북극에서 적응, 생존에 유리하다.

1~4 꽃

1, 2 스발바르 롱이어뷔엔
3, 4 그린란드 자켄버그

023

# 바람꽃

*Anemone narcissiflora* L.

Narcissus Anemone, Narcissus-flowered Anemone

Anemone: 바람
narcissiflora: 꽃이 수선화속과 유사하다.

다년생 초본. 털이 많고 군집을 이룬다.

높이 7~60cm. 잎은 털이 많고 3~5개의 열편으로 거의 밑부분까지 깊게 갈라졌다.

꽃받침은 흰색 또는 황색이고 5~9개이다. 6~8월에 개화한다. 수과의 앞부분은 구형이다.

고산지대 및 아고산지대에서 자란다. 미국 북부, 알래스카, 캐나다 북부에 분포한다.

Anemone: Wind. narcissiflora: Flower like genus *Narcissus*. Hairy and clumping perennial plant. 7-60 cm high; Deeply dissected, 3-5 lobed hairy leaves. Flowers sepals 5-9, colored in white or yellow; Flowering season June to August; Heads of achenes spheric. Alpine and slightly subalpine; Alaska, Northern part of Canada, Northern part of USA.

1~4 꽃

📷
1~4 알래스카 스쿠컴

쓰임새 뿌리는 강한 치유 효과가 있는 것으로 알려져 상처 치료에 사용했다. 알래스카와 시베리아 원주민들은 이른 봄에 뿌리 위로 올라오는 새싹을 먹었다. 잎은 생으로 먹기도 하고, 오일과 함께 걸쭉하게 섞어 '에스키모 아이스크림'을 만들기도 하였다.

024 **북극미나리아재비**

*Ranunculus arcticus* Richardson

Northern Buttercup

Ranunculus: 작은 개구리
arcticus: 북극

다년생 초본. 기는줄기가 없고, 영양번식을 하지 않는다. 식물체에 흰색의 융모가 다소 있다.

높이 25cm. 잎은 어긋나며 폭이 좁은 선형으로 갈라진다.

노란색 꽃은 줄기 끝에 1개가 피거나 드물게 2~3개가 취산꽃차례로 핀다. 열매는 견과이며, 융모가 있다.

배수가 잘 되는 기질의 적당히 건조한 지역에 서식하며, 캐나다, 미국 북서부, 알래스카, 그린란드, 스발바르에 분포한다.

Ranunculus: Small frog. arcticus: Arctic. Perennial herb; No runners; No vegetative reproduction; body with white, villous hairs. 25 cm high; Leaves alternate, divided into several narrow or linear. Flower yellow, single or 2-3 flowers in a short cyme; Fruit nutlets, villous hairs. Medium dry heaths and meadows, well-drained substrate; Canada, north-western USA, Alaska, Greenland, Svalbard.

1 다른 식물과 함께 자라는 모습
2 비탈에서 자라는 모습
3 군락을 이룬 모습
4 꽃

📷
1~4 스발바르 뉘올레순

025

# 북극젓가락나물

*Ranunculus hyperboreus* ssp. *arnellii* Scheutz

High Northern Buttercup

Ⓢ² Ranunculus: 작은 개구리
hyperboreus: 최북단의
arnellii: 사람 이름 Arnell에서 유래

🔍 다년생 초본. 건조지에서 살 수 없는 진수생식물이다. 기는줄기에 노란색 꽃이 잎줄기를 따라 핀다.

🌱 높이 2~4cm. 줄기는 물에 뜨기도 하며 마디에서 뿌리가 나온다. 잎은 손바닥 모양이며 3개로 갈라지고 어긋난다.

❀ 꽃은 줄기 끝에 한 개 피고 노란색 꽃잎이 3개 있어서 꽃잎이 일부 떨어진 것처럼 보인다. 열매는 껍질이 딱딱한 견과이다.

🏞 작은 개울이나, 이끼가 많고 매우 습한 지역에서 자란다. 그린란드, 러시아, 미국 북부, 스발바르, 알래스카, 캐나다 북부에 분포한다.

Ranunculus: Small frog. hyperboreus: Northernmost. arnellii: Origin of the name, Arnell. Perennial herb; True aquatic vascular plant, can't live in dry conditions; Creeping stems; Yellow flower in leaf axis. 2-4 cm high; Creeping and rooting stems; Rooting at the nodes of stem; Leaves palmate, three main lobes. Single flower in leaf axis, usually terminal on the shoot; Three sepals and petals; Fruits hard nutlets. In small ponds or very wet moss areas; Alaska, Northern part of Canada, Greenland, Russia, Svalbard, Northern part of USA.

1, 2 꽃
3 습지에 자라는 모습
4 물속에서 자라는 모습

1~3 스발바르 롱이어뷔엔
4 그린란드 자켄버그

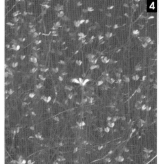

생태 특징 자켄버그 저지대의 늪에도 많이 분포한다.

026 **눈미나리아재비**

*Ranunculus nivalis* L.
Snow Buttercup

S? Ranunculus: 작은 개구리
nivalis: 눈이 있는 곳에서 자라는

다년생 초본. 줄기와 잎 그리고 꽃받침이 갈색의 길고 부드러운 털로 덮여 있다.

높이 5~15cm. 잎은 손바닥 모양이다. 뿌리에서 나는 잎은 잎자루가 있고, 꽃줄기의 잎은 잎자루가 없다.

꽃은 줄기 끝에서 한 개 피고, 밝은 노란색의 꽃잎은 5개로 밥그릇 모양이다. 수술은 30개 이상이며, 열매는 털이 없는 견과이다.

습한 지역에서 자라며, 그린란드, 러시아, 스발바르, 알래스카, 캐나다 북부에 분포한다.

Ranunculus: Small frog. nivalis: Growing near snow. Perennial herb; Stems, leaves and sepals with variable cover of brown villous hairs. 5-15 cm high; Leaves alternate, palmate; Basal leaves petioles; Flowering stems' leaves sessile. Single, terminal flower; Petals 5, bright yellow; Stamens numerous (>30); Fruits nutlets, glabrous. Moist place; Alaska, Northern part of Canada, Greenland, Russia, Svalbard.

생태 특징 석회질 토양에서는 자라지
못하며 약간 건조하고 유기물이 많이
분해된 지역에서 종종 관찰된다.

1, 2, 4 꽃
3 꽃이 지고 열매가 성숙하는 모습

1~4 스발바르 롱이어뷔엔

027

# 난장이미나리아재비

*Ranunculus pygmaeus* Wahlenb.

Pigmy Buttercup

Ranunculus: 작은 개구리
pygmaeus: 작은

다년생 초본. 꽃이 0.5~0.8cm 크기이고 식물체가 매우 작다.

높이 2~6cm. 줄기는 곧게 서 있으며, 잎은 깊게 갈라진 손바닥 모양이다.

꽃은 줄기 끝에서 한 개 피고, 꽃잎은 노란색, 꽃받침은 밝은 연두색으로 각각 5개씩 있다. 꽃 가운데 연두색 공 모양의 암술이 있고, 그 주위로 노란색 수술이 있다.

습한 지역에서 자라며, 그린란드, 러시아, 미국 서부, 스발바르, 아이슬란드, 알래스카, 캐나다 북부에 분포한다.

Ranunculus: Small frog. pygmaeus: Small, tiny. Perennial herb; Flower 0.5-0.8 cm wide; Very small plant body. 2-6 cm high; Aerial stems erect; Blades palmate. Single, terminal flower; 5 green sepals; 5 yellow petals; Globular shape pistils in the middle of flower; Yellow stamens around pistils. Moist place; Alaska, Northern part of Canada, Green land, Iceland, Russia, Svalbard, Western part of USA.

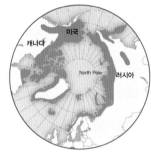

1 꽃
2, 4 열매
3 무리지어 자라는 모습

📷
1, 2 스발바르 롱이어뷔엔
3 캐나다 캠브리지 베이
4 그린란드 자켄버그

028

# 유황미나리아재비

*Ranunculus sulphureus* Sol. ex C. J. Phipps

Sulphur-coloured Buttercup, Sulphur Buttercup

S² Ranunculus: 작은 개구리
sulphureus: 황(유황)의

🔍 다년생 초본. 줄기에 붙어 있는 잎은 손바닥 모양이며
아래쪽이 쐐기 모양이다.

🌱 높이 5~15cm. 잎은 어긋난다. 뿌리에서 나는 잎은 잎
자루가 있고, 줄기의 잎은 잎자루가 없다.

꽃은 줄기 끝에서 한 개 피고, 꽃잎은 노란색이며, 5개
이다. 꽃 가운데 연두색 공 모양의 암술이 있고, 그 주
위로 30개 이상의 노란색 수술이 있다.

🏞 습한 지역에서 자라며, 그린란드, 러시아, 스발바르, 알
래스카, 캐나다 북부에 분포한다.

Ranunculus: Small frog. sulphureus:
Sulfur. Perennial herb; Stem leaves
palmate; Cuneate or truncate at
base. 5-15 cm high; Leaves alternate;
Stem leaves sessile; Basal leaves have
petiole. Single, terminal flower; Petals
5, yellow; Globular shape pistils in
the middle of flower; Yellow stamens
(>30) around pistils. Moist place;
Alaska, Northern part of Canada,
Greenland, Russia, Svalbard.

1 돌 틈에서 자라는 모습
2~4 꽃

📷
1~4 스발바르 롱이어뷔엔

<u>생태 특징</u> 석회 지역, 눈이 쌓여 있는 곳, 전형적인 습한 토양에서 자란다.

029

# 스발바르양귀비

*Papaver dahlianum* Nordh.

Svalbard Poppy

Papaver: 양귀비를 나타내는 고전 라틴어

4개의 꽃잎이 있고, 꽃받침과 열매에 갈색 솜털이 많이 있다. 스발바르를 상징하는 꽃이다.

높이 5~30cm. 줄기에는 잎이 없다. 잎에는 연모가 많고, 갈라지거나 복엽이다.

꽃은 줄기 끝에서 한 개 피고, 꽃이 크며, 흰색 또는 노란색이다. 초록색의 암술에 별 모양의 암술머리가 있고, 암술에도 갈색 솜털이 있다.

돌과 자갈이 있는 곳에서 자라며, 그린란드, 스발바르, 캐나다 북부에 분포한다.

Papaver: Classical Latin name for the poppy. Petals 4; Sepals and capsule downy with brown hairs. National flower of Svalbard. 5-30 cm high; Erect stems with leaves in basal rosette only; Leaves heavily pubescent, lobed or pinnately lobed. Single, large, terminal flower; Petals white or yellow; A dark green pistil, hairy; Stigma star shape. Places with stones and gravel; Northern part of Canada, Greenland, Svalbard.

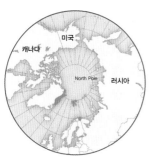

1, 2, 4 비탈에서 자라는 모습
3 꽃

1~4 스발바르 롱이어뷔엔

1

1, 6 꽃
2 솜털이 난 잎
3, 4 꽃봉오리
5 북극쇠뜨기 군락과 함께 자라는 모습

1~6 스발바르 롱이어뷔엔

2

3

4

030

# 뿌리두메양귀비

*Papaver radicatum* Rottb.

Rooted Poppy

Papaver: 양귀비를 나타내는 고전 라틴어
radicatum: 뿌리

다년생 초본. 최북단에서 자란다. 꽃은 황색이고 꿀벌
에 의해 수분된다.

기저부 잎은 깊은 우상엽이다.

꽃자루에는 잎이 없고 황색 또는 흰색 꽃이 한 개 핀다.

산악지대에서 흔히 발견된다. 노르웨이와 스웨덴의 최북
단, 그린란드, 미국 서부, 아이슬란드, 캐나다 북부에 분
포한다.

Papaver: Classical Latin name for the poppy. radicatum: Root. Perennial herb; Northernmost growing plants; Yellow flowers appreciated by bumblebees. Basal leaves deeply pinnate. Yellow or white solitary flower; Leafless flowering stalks. Commonly found in mountainous regions; Northern part of Canada, Greenland, Iceland, Northmost regions of Norway and Sweden, Western part of USA.

1, 3 꽃
2, 4, 5 열매

📷
1, 2, 4, 5 그린란드 자켄버그
3 캐나다 캠브리지 베이

©홍순규

031 **마콘양귀비**

*Papaver macounii* Greene

Macoun's poppy

S² Papaver: 양귀비를 나타내는 고전 라틴어
macounii: 마콘 지역의

🔍 다년생 초본. 성긴 다발을 이루며 죽은 가지와 잎이 붙어 있다.

🌱 높이 15~20cm. 잎은 잎자루가 길고 뿌리잎이며, 털이 있고 5개로 갈라져 있다.

🌼 꽃은 밝은 노란색이며, 꽃은 꽃줄기 끝에 하나씩 달린다.

🏞 모래나 자갈 성질의 토양에서 자라며, 캐나다 북부와 알래스카에 분포한다.

Papaver: Classical Latin name for the poppy. macounii: Macoun. Perennial herb; Loosly cespitose; Old dead stems and leaves attached. 15-20 cm high; Leaves with long stalks, basal, slightly hairy, 5 lobed. Petals light yellow, solitary on stems. Sandy or gravelly soil; Northern part of Canada, Alaska.

1, 3, 4 꽃
2 꽃과 열매

1~4 알래스카 스쿠컴

032

# 자주꽃다지아재비

*Braya glabella* ssp. *purpurascens* (R.Br.) Cody

Purplish Braya, Smooth Northern-rockcress

glabella: 거의 벌거벗은
purpurascens: 자주색의

다년생 초본. 노르웨이 보호종. 뭉쳐나며 가로눕거나 기는줄기로 자란다.

높이 3~14cm. 잎은 어긋나며 잎가장자리에 긴 털이 있다. 잎은 약간 다육성이며 가늘고 길다.

꽃줄기에 털이 있고 총상꽃차례로 꽃이 핀다. 흰색 또는 붉은색의 꽃잎은 서로 떨어져 있고 4개이다.

주로 칼슘이 많은 자갈 지대에서 자라며, 그린란드, 러시아, 스발바르, 알래스카, 캐나다 북부에 분포한다.

glabella: Almost naken. purpurascens: Purple. Perennial herb; Cespitose; Decumbent to prostrate stems; Protected throughout the Kingdom of Norway. 3-14 cm high; Leaves alternate, succulent (slightly), linear and oblanceolate. Inflorescence racemose, dense in flower; Petals 4, free, white or pink. Generally growing on calcareous gravel; Alaska, Northern part of Canada, Greenland, Russia, Svalbard.

1 열매
2 꽃과 열매
3 꽃
4 흰 꽃

1~4 스발바르 뉘올레순

033

# 북극황새냉이

*Cardamine pratensis* ssp. *angustifolia* (Hooker) O.E. Schultz

Polar Cress, Cuckoo Flower

Cardamine: BC 400년경 Aristophanes가 붙여준 갓류 식물의 명칭인 그리스어 'kardamon'에서 유래
pratensis: 야외에서 자란다.
angustifolia: 잎이 좁다.

다년생 초본으로 가지는 갈라지지 않고, 잎은 겹잎이며, 꽃잎은 4장이다.

높이는 10~20cm이며, 줄기는 곧추선다. 꽃줄기에 달린 잎은 어긋나며, 날개 모양이고, 거꾸로 된 창 모양이다.

꽃은 총상꽃차례로 배열된다. 꽃차례당 8~14개의 꽃이 피며, 방사대칭형이다. 꽃잎은 분홍색이며, 수술은 6개이다.

주로 습한 지역에서 자라며, 미국 북부, 스발바르, 캐나다에 널리 분포한다.

Cardamine: Greek word, kardamon, name of a cress. pratensis: Grows in the field. angustifolia: Narrow leaves. Perennial herb; Unbranched stems and compound leaves; Petals 4. 10-20 cm high; Aerial stems erect; Leaves alternate, pinnate, oblanceolate. Inflorescence racemose; Flowers per inflorescence 8-14, actinomorphic; Petals, pink; Stamens 6. Moist place; Canada, Svalbard, Nothern part of USA.

1~4 꽃

📷 1~4 스발바르 뉘올레순

생태 특징  이 속의 식물 중 가장 크고 눈에 띄는 종 중의 하나이다. 씨앗을 만들기도 하지만 주로 영양생식을 통해 번식한다.

## 034 그린란드고추냉이

*Cochlearia groenlandica* L.

Polar Scurvygrass, Danish Scurvygrass

**S?** Cochlearia: 숟가락
groenlandica: 19세기 덴마크의 식물학자 J. Grønland
에서 유래

**Q** 편평한 로제트를 구성하는 다년생의 키 작은 식물. 2~5
년 동안 생존하며 마지막 해에 꽃이 피고 열매를 맺는
다.

**🌱** 높이 1~20cm. 로제트의 잎은 원형 또는 콩팥 모양이
고, 줄기의 잎은 잎자루가 없다.

**🌸** 꽃은 흰색이고 꽃잎은 4장이다. 단각과의 열매가 많이
달리고 열매는 원형~긴 달걀형이다.

**🗺** 다양한 기질에서 자라며, 그린란드, 스발바르, 알래스
카, 캐나다 북부에 분포한다.

Cochlearia: Spoon. groenlandica:
After the Danish botanist J. Grønland
(19 century). Perennial herb; Lives
2-5 years with flat rosette; Flowering
and fruiting in the last year. 1-20 cm
high; Rosette leaves with round or
reniform blades; Stem leaves sessile.
Petals 4, colored in white; Rich fruit.
Various substrates; Alaska, Northern
part of Canada, Greenland, Svalbard.

1～3 꽃
4 잎이 무성한 모습

1～3 스발바르 롱이어뷔엔
4 스발바르 뉘올레순

생태 특징  잎이 다육질이며, 체내에 물을 보관할 수 있다.

쓰임새  잎에 비타민C가 풍부하나 맛은 없다. 북극 항해사나 탐험가들은 괴혈병
치료를 위해 보조제로 사용했다.

### 035 고산꽃다지

*Draba alpina* L.

Alpine Whitlowgrass

**S?** Draba: 날카롭다.
alpina: 산, 산의

🔍 다년생 초본. 노란색 또는 흐린 노란색의 꽃이 핀다. 식물체에 십자형 또는 불규칙하게 분지하는 털이 있다.

🌱 높이는 3~10cm이며, 각 로제트에는 잎이 없는 1개의 꽃대가 있다. 로제트의 잎은 긴 타원형 또는 거꿀달걀형이고, 잎가장자리에 1mm 이하의 털이 있다.

⚙ 총상꽃차례이고 꽃잎은 4개이다. 꽃받침열편은 암회녹색 또는 자주색이다.

🏞 거의 대부분의 장소에서 자라며, 스발바르 전역에서 흔하게 관찰된다.

Draba: Sharp. alpina: That belongs in the mountain. Perennial herb; Petals bright yellow (rarely pale yellow); Plant body with small hairs, cruciform or irregularly branched. 3-10 cm high; Each rosette potentially with one scape without leaves; Leaves oblanceolate or obovate; Leaves margin with simple hairs up to 1 mm. Inflorescence a raceme; Petals 4; Sepals dark greyish green or purple colour. Various substrates; Widespread throughout Svalbard.

1~4 꽃
5 열매가 터져 씨앗이 나온 모습

1, 2 스발바르 롱이어뷔엔
3~5 스발바르 뉘올레순

036 **회색잎꽃다지**

*Draba cinerea* M.F. Adams

Gray-leaf Draba

Draba: 날카롭다.
cinerea: 회색

다년생 초본. 과실은 눈에 띄게 편평하고 개과이다.

높이 12~25cm. 회색 잎이 밀집하여 다발을 이룬다. 잎의 앞뒷면은 털이 있다.

한 개의 꽃차례에 6~12개의 꽃이 핀다. 꽃잎은 4장이 서로 떨어져 있으며 갈라져 있다. 열매는 자주색 또는 녹색이고, 털이 있다.

북극 또는 고산지대의 하안단구, 경사지에서 자란다. 그린란드, 러시아, 알래스카, 캐나다 북부에 분포한다.

Draba: Sharp. cinerea: Gray. Perennial herb; Fruit distinctly flattened and dehiscent. 12-25 cm high; Densely tufted with leaves that are ashy grey; Blades adaxial and abaxial surface hairy. Flowers per inflorescence 6-12; Petals 4 free, shallowly lobed; Purple or green fruits, hairy. Growing in river terraces, slopes in Arctic or alpine regions; Alaska, Northern part of Canada, Greenland, Russia.

1~3 꽃
4 뿌리잎

1~4 캐나다 캠브리지 베이

037

# 민꽃다지

*Draba corymbosa* R. Br. ex DC.

Flat-top Draba

S² Draba: 날카롭다.

🔍 다년생 초본. 잎은 빽빽한 반구형 방석 형태를 이룬다. 유액은 없다.

🌿 높이 4~8cm. 주근이 있다. 줄기에는 털이 드물게 있다. 잎은 뚜렷하지 않은 2열로 어긋나며 조위성이다.

❀ 꽃줄기에 털이 많다. 총상꽃차례이며 한 개의 꽃차례에 4~10개의 꽃이 핀다. 4장의 꽃잎은 황색이며 서로 떨어져 있다. 열매자루가 없다.

🏞 고위도 북극 지역의 배수가 잘되는 습지에 주로 자란다. 그린란드, 러시아, 미국 북부, 알래스카, 캐나다 북부에 분포한다.

Draba: Sharp. Perennial herb; Firm hemispherical tussocks; Without milky juice. 4-8 cm high; Taproot; Stems sparsely hairy; Leaves alternate, not distinctly distichous, marcescent. Flowering stems hairy; Inflorescence racemose; Flowers per inflorescence 4-10; Petals 4 free, colored in yellow; Fruit sessile. Drained moist areas, or moderately well drained areas in high Arctic; Alaska, Northern part of Canada, Greenland, Russia, Northern part of USA.

1~3, 5 꽃
4 꽃줄기와 잎

 1~5 캐나다 캠브리지 베이

038

# 난장이금괭이눈

*Chrysosplenium tetrandrum* (N. Lund) Th. Fr.

Dwarf Golden-saxifrage, Goldencarpet, Northern Golden Saxifrage

Chrysosplenium: 금을 뜻하는 그리스어에서 유래 tetrandrum: 수술이 4개인

다년생 초본. 포복성 땅속줄기를 가지고 있으며, 줄기의 아래쪽에 흰색 털이 있다.

잎은 흩어져 있으며, 잎자루가 길고, 콩팥 모양이며, 줄기는 가늘고 약하다.

꽃은 황록색을 띤 포엽으로 둘러싸여 있으며, 잎 위에 편평하게 자란다.

습하고 그늘진 지역, 물이 스며나오는 바위틈과 이끼층, 해안에 서식하며, 캐나다, 미국 북부, 알래스카, 그린란드, 스발바르에 분포한다.

Chrysosplenium: By Greek chrysos, gold. tetrandrum: With four stamen. Perennial herb; creeping rhizomes; white hairs on lower part of stems. Leaves dispersed, long petioles, reniform; weak and thin stem. Inflorescence flat, surrounded by yellowish-green bracts. Moist to wet shady banks, rock crevices, mossy seeps and shorelines; Canada, northern part of USA, Alaska, Greenland, Svalbard.

1~3 꽃
4 꽃줄기와 잎

1~4 스발바르 뉘올레순 오시안
사라펠렛

039

# 북극꽃무아재비

*Parrya arctica* R. Br.

Arctic False Wallflower

**S²** arctica: 북극

🔍 다년생 초본. 꽃줄기는 잎보다 짧고 털이 없다. 대부분의 꽃이 향이 없다.

🌱 높이 1~10cm. 기저부의 잎이 다발을 이룬다.

🌼 한 개의 꽃차례에 6~12개의 꽃이 핀다. 꽃잎은 흰색 또는 자주색이고 4장이다. 수술은 6개이고, 열매는 자주색이다.

🏞 고위도 북극권 지역에서 발견된다. 캐나다 북부에 분포한다.

arctica: Arcitc. Perennial herb; Flowering stems shorter than leaves, glabrous; Most flowers not scented. 1-10 cm high; Leaves in a basal tuft. Flowers per inflorescence 6-12; Petals 4 free, white or purple; Stamens 6; Purple fruit. Found in the high Arctic; Northern part of Canada.

생태 특징 온도에 따라 향기가
달라진다.

1~3 꽃
4 줄기와 잎

📷
1~4 캐나다 캠브리지 베이

### 040 민바위돌꽃

*Rhodiola integrifolia* Raf.

Ledge Stonecrop

🔲 Rhodiola: 장미를 뜻하는 그리스어 'rhodon'의 접두사 integri-: 완벽한. folia: 잎

🔍 암수딴그루 다년생 초본

🌱 높이 3~50cm. 잎은 밝은 녹색이고 흰 가루가 덮인 듯이 보인다.

🌸 대부분 단성화이고 꽃잎은 진홍색이다. 종자는 날개가 있고 배 모양이다.

🏞 관목 툰드라, 침엽수림, 아북극 또는 고산 점이지대에서 자란다. 그린란드, 러시아, 미국 북부와 서부, 알래스카, 캐나다 북부에 분포한다.

Rhodiola: Diminutive of Greek rhodon, rose. integrifolia: Entire leaf. A dioecious herb; Perennial. 3-50 cm high; Leaves bright green, glaucous. Mostly unisexual; Petals dark, colored in red; Seeds winged pyriform. Shrub tundra, bordering boreal or alpine areas; Alaska, Northern part of Canada, Greenland, Russia, Western and northern part of USA.

1~3 꽃
4 바위틈에서 자라는 모습

 1~4 알래스카 스쿠컴

041
# 좀범의귀아재비

*Micranthes foliolosa* (R. Br.) Gornall

Foliolose Saxifrage, Leafystem Saxifrage

S² Micranthes: 작은 꽃이 있는
foliolosa: 작은 잎이 많은

🔍 다년생 초본이나 수명이 매우 짧다. 꽃줄기 끝에 무성아가 달리며, 때때로 꽃차례 끝에 한 송이의 꽃이 달리기도 한다.

🌱 높이 8~15cm. 가지는 매우 짧다. 로제트는 쐐기 모양의 잎으로 이루어진다.

🌼 원추꽃차례이며, 꽃줄기는 주로 로제트당 한 개가 올라온다.

🏞 일반적으로 이끼가 있는 습지에서 자란다. 그린란드, 스발바르, 알래스카, 캐나다 북부에 분포한다.

Micranthes: With small flowers. foliolosa: With many small leaves. Perennial herb, but probably quite short-lived; Flowers either all replaced by bulbils; Sometimes with one terminal flower. 8-15 cm high; Very short stem; Rosette of wedge-shaped leaves. Inflorescence panicle; Flowering stems usually one per rosette. Growing in wet place, generally in wet moss; Alaska, Northern part of Canada, Greenland, Svalbard.

2

1 전체모습
2 무성아
3, 4 꽃차례 끝에 열매가 달리고 아래에는
무성아가 달린 모습

1, 2 스발바르 뉘올레순
3, 4 그린란드 자켄버그

생태 특징  좋은 환경에서는 줄기도 많고 키
가 30cm까지 자라나, 열악한 환경에서는
8~10cm 정도 자란다.

4

3

042

# 붉은범의귀아재비

*Micranthes hieracifolia* (Waldst. & Kit. ex Willd.) Haw.

Hawkweed-leaved Saxifrage, Stiffstem Saxifrage

S² Micranthes: 작은 꽃이 있는
hieracifolia: 조밥나물속과 같은 잎이 달린

다년생 초본. 꽃줄기는 두껍고 뻣뻣하며 가는 털이 빽빽이 나 있다.

높이 4~20cm. 로제트 잎은 달걀형 또는 타원형이고 끝이 뾰족하다.

꽃자루가 거의 없는 꽃들이 꽃줄기 끝에 치밀하게 난다. 꽃받침열편과 꽃잎은 각각 5개인데, 자주색의 꽃잎이 매우 작아 꽃받침이 보인다.

주로 잔디나 이끼가 있는 다소 촉촉한 곳에서 자란다. 그린란드, 러시아, 스발바르, 알래스카, 캐나다 북부에 분포한다.

Micranthes: With small flowers. hieracifolia: With leaves as Hieracium. Perennial herb; Inflorescence on a stout and stiff, densely glandular-pubescent flowering stem. 4-20 cm high; Basal rosettes leaves ovate or elliptic; Apex leaves acute. Very compact spike-like panicle of numerous clusters of subsessile flowers; 5 sepals and petals; Petals purple, very small. Most common in densely vegetated heaths or meadows with rather moist substrate; Alaska, Northern part of Canada, Greenland, Russia, Svalbard.

1, 3 열매
2 꽃이 핀 전체 모습
4 꽃줄기와 잎

1 스발바르 롱이어뷔엔
2, 4 스발바르 뉘올레순
3 캐나다 캠브리지 베이

생태 특징 하천 가장자리나 눈으로 덮여 있
는 웅덩이처럼 약간 축축한 곳에서 자란다.

043
# 눈범의귀아재비

*Micranthes nivalis* L.

Alpine Saxifrage

**S?** Micranthes: 작은 꽃이 있는
nivalis: 눈이 있는 곳에서 자라는

**Q** 다년생 초본. 꽃줄기에 1~5개의 꽃다발이 달리며 한 다발에 각각 1~4개의 꽃이 있어 꽃이 꽃줄기 위에서 뭉쳐나는 것처럼 보인다.

높이 3~12cm. 로제트 잎은 넓은 원형이며 가장자리가 둔한 삼각형의 톱니 모양이다. 잎자루는 짧고 날개가 있다.

꽃줄기는 가는 털로 덮여 있다. 꽃잎은 5개이고 흰색 또는 드물게 연한 붉은색이다.

산 경사지, 건조한 하안단구와 같은 주로 배수가 잘되는 거친 기질에서 자란다. 그린란드, 러시아, 스발바르, 아이슬란드, 알래스카, 캐나다 북부에 분포한다.

Micranthes: With small flowers. nivalis: Growing near snow. Perennial herb; 1-5 bunches of flowers per one flower stem, each bunch with 1-4 flowers. 3-12 cm high; Leaves basal in rosettes, broadly ovate to rounded, coarsely dentate with obtuse triangular teeth; Winged petiole. Flowering stems pubescent with long and curly hairs; Petals 5, white or more rarely pale pink. Predominantly on well-drained coarse substrates, heaths, herb slopes, dry river terraces etc.; Alaska, Northern part of Canada, Greenland, Iceland, Russia, Svalbard.

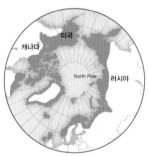

생태 특징 환경조건에 따라 식물체의 높이가 달라진다. 타가수분이 어려울 경우 자가수분이 쉽게 된다. 알프스와 알타이에서도 발견되는 환북극식물이다.

1, 2 꽃
3 꽃이 지고 열매를 맺은 모습
4 동전과 크기 비교

1~4 스발바르 뉘올레순

범의귀과 Saxifragaceae

044

# 노랑범의귀

*Saxifraga aizoides* L.

Yellow Saxifrage

Saxi-: 산의 둔덕. fraga: 중단

다년생 초본. 분지가 많은 지하경과 원줄기의 하단이 포복하여 작은 군집과 식물체를 이룬다.

높이 2~10cm. 땅속줄기는 짧고 지면에서 많이 분지된다. 원줄기의 하단은 포복하고 상단은 곧추서며 밀집하여 총생한다. 잎은 어긋난다.

꽃줄기 끝에서 여러 개의 작은 꽃이 핀다. 꽃받침열편과 꽃잎은 각 5개이고, 꽃잎은 서로 겹쳐지지 않으며 밝은 황색이다. 열매는 삭과이다.

배수가 잘 되는 거친 기질에서 잘 자란다. 그린란드, 러시아의 유럽쪽 북부, 스발바르, 아이슬란드, 알래스카, 캐나다 북부에 분포한다.

Saxifraga: 'Saxum' meaning knoll, and 'frango' meaning breaking. Perennial herb; Forming small colonies; Mats due to branched rhizome and procumbent lower parts of stems. 2-10 cm high; Short subterranean rhizome, extensively branched at the ground level; Densely to laxly cespitose with stems procumbent at base, erect above; Leaves alternate. Flowers terminal on stem, 2-3 in a short cyme; 5 sepals and petals; Petals non-overlapping, bright yellow; Fruit a capsule. Prefers well-drained to coarse substrates; Alaska, Northern part of Canada, Greenland, Iceland, European Nothern part of Russia, Svalbard.

1~3 꽃
4 방석 모양으로 자라는 모습

1~4 스발바르 뉘올레순

생태 특징  중앙 알프스 빙하 후퇴지역의 특
징적인 개척자 식물로, 석회암지역에 생육
한다. 빙하후퇴지역에서 빙퇴 후 초기 개척
자종으로 자주범의귀와 함께 자란다.

1~7 다양한 서식지에서 꽃이 핀 모습

1~7 스발바르 뉘올레순

045 **씨눈바위취**

*Saxifraga cernua* L.

Drooping Saxifrage, Nodding Saxifrage

Saxi-: 산의 둔덕. fraga: 중단
cernua: 포복성의

다년생 초본. 줄기에서 잎이 나오는 잎겨드랑이마다 짙은 붉은색의 무성아가 달린다.

높이 3~12cm. 잎은 손바닥 모양이고, 3~7개의 거치가 있으며 어긋난다.

꽃줄기 끝에 1개의 꽃이 피며, 꽃잎은 흰색이다. 꽃받침 열편과 꽃잎은 각 5개이고 꽃받침은 적색 또는 적색이 도는 연두색이다.

넓은 범위의 서식 환경에서 자라나 습한 지역에서 주로 발견된다. 그린란드, 러시아, 미국 북부와 서부, 스발바르, 아이슬란드, 알래스카, 캐나다 북부에 분포하며, 백두산에서도 발견된다.

Saxifraga: 'Saxum' meaning knoll, and 'frango' meaning breaking. cernua: Prostrative. Perennial herb; Several dark red to blackish bulbils in each leaf axil. 3-12 cm high; Leaves alternate, palmate, 3-7 subacute lobes. Single flower in each floral axis; 5 sepals in red to reddish-green; 5 petals in white. Wide range of site types but most frequent in moist places; Alaska, Northern part of Canada, Greenland, Iceland, Russia, Svalbard, Western and northern part of USA, Mt. Baekdu of the Korean Peninsular.

**2**

**3**

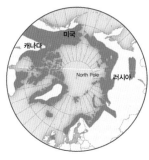

1, 2 꽃과 무성아
3 무리지어 꽃이 핀 모습
4 개울가에서 자라는 모습

1~4 스발바르 롱이어뷔엔

**4**

생태 특징 서식처에 따라 식물과 잎의 크기 등이 달라진다. 주로 영양생식으로 번식한다. 어릴 때는 고개를 끄덕이는 것처럼 보이는데, 개화기 전후로는 고개를 숙인다. 남쪽으로 로키산맥까지 분포하고, 아시아와 유럽의 산지에서도 발견되는 환북극식물이다.

046

# 다발범의귀

*Saxifraga cespitosa* L.

Tufted Saxifrage

Saxi-: 산의 둔덕. fraga: 중단
cespitosa: 잔디 모양으로 자란, 다발의

다년생 초본. 각 로제트는 1개의 꽃대를 가지며, 잎은 3개의 작은 잎으로 갈라진다.

높이 4~10cm. 한 개의 뿌리로부터 지면, 또는 지하로 많은 분지를 이루며 뭉쳐난다.

꽃줄기 끝에서 꽃이 피며 꽃잎은 흰색 또는 흐린 노란색이다. 꽃받침열편과 꽃잎은 각 5개이고 간혹 연두색 꽃이 피기도 한다.

주로 건조하거나 일시적으로 습한 장소에서 자라며, 그린란드, 러시아, 미국 북부와 서부, 스발바르, 아이슬란드, 알래스카, 캐나다 북부에 분포한다.

Saxifraga: 'Saxum' meaning knoll, and 'frango' meaning breaking. cespitosa: Like grass, tufty. Perennial herb; Each rosette with one flowering stem; Leaves with three lobes. 4-10 cm high; Extensively branched at or below-ground level from a single root; Cespitose. Single flower in each floral axis; Sepals 5; Petals 5, white, pale yellow or rarely green. Mostly dry or only slightly or temporarily moist sites; Alaska, Northern part of Canada, Greenland, Iceland, Russia, Svalbard, Western and northern part of USA.

1 습지에서 자라는 모습
2, 4 꽃
3 열매

1~4 스발바르 뉘올레순

생태 특징 광범위한 환경내성을 가지나, 경쟁에 약하다. 빙하후퇴지역에서 천이 초기에 나타나는 종이고, 30년 이내에 가장 높은 빈도로 출현하나, 50년 이내에 식생이 자취를 감춘다. 북극 거의 전체에 걸쳐 분포하며, 남쪽으로 유럽의 영국, 노르웨이와 우랄 남쪽에까지 분포한다.

147

## 047 노랑습지범의귀

*Saxifraga hirculus* L.

Yellow Marsh Saxifrage

- Saxi-: 산의 둔덕. fraga: 중단
  hirculus: 작은 염소

- 다년생 초본. 1개의 큰 꽃이 피며, 노란 꽃잎에 주황색 점이 있는 경우가 많다.

- 높이 4~10cm. 군집을 이루고 잎 아래 부분에는 긴 적 갈색 털이 있다.

- 꽃줄기 끝에 꽃이 피며, 꽃받침열편과 꽃잎은 각 5개이 다. 꽃받침은 붉은색이고 활짝 핀 꽃잎보다 크기가 작 다.

- 주로 습지에서 자라고, 드물게는 얕은 수렁에서도 관찰 된다. 그린란드, 러시아, 미국 서부, 스발바르, 아이슬란 드, 알래스카, 캐나다 북부에 분포한다.

Saxifraga: 'Saxum' meaning knoll, and 'frango' meaning breaking. hirculus: Small goat. Perennial herb; One large flower on terminal of stem; Yellow petals often have orange dots. 4-10 cm high; Forms small colonies; Long, reddish brown hairs in basal parts of leaves. Sepals 5, dark red; Petals 5. Common in moist areas and rarely in shallow mires; Alaska, Northern part of Canada, Greenland, Iceland, Russia, Svalbard, Western part of USA.

1, 3, 4 꽃
2 습지에서 자라는 모습

 1~4 스발바르 롱이어뷔엔

생태 특징  식물의 높이는 환경의 영향을 받는데 좋은 조건에서는 15cm 이상 자란다. 습지 지표식물이다.

1

1, 6 습지에서 자라는 모습
2, 5 패치 형태로 자라는 모습
3 꽃
4 씨범꼬리와 함께 자라는 모습

1~6 스발바르 롱이어뷔엔

2

3

1

# 048

# 자주범의귀

*Saxifraga oppositifolia* L.

Purple Saxifrage

**S²** Saxi-: 산의 둔덕. fraga: 중단
opposit-: 반대의. folia: 잎, 잎의.

🔍 수명이 매우 긴 다년생 초본. 포복성 줄기로 기거나, 보다 짧은 줄기로 방석을 형성한다. 붉은 보라색, 분홍색 드물게 흰색 꽃이 핀다.

🌱 높이 2~8cm. 잎은 마주나고 잎자루가 없으며, 두껍고 삼각형, 아구형, 거꿀달걀형이다.

🌸 꽃은 잎겨드랑이에서 하나씩 피며 꽃잎은 5~6개로 둥근 모양이다. 붉은 보라색 수술이 10개 정도 자란다.

🏞 건조한 곳과 습한 곳 모두에서 자란다. 그린란드, 러시아, 미국 서부, 스발바르, 아이슬란드, 알래스카, 캐나다 북부에 분포한다.

Saxifraga: 'Saxum' meaning knoll, and 'frango' meaning breaking. oppositifolia: 'Opposit-' meaning opposite, 'folia' meaning a leaf. Perennial herb; very long-lived; Forms mats by long prostrate branches or cushions by shorter branches; Purple, pink, rarely white flowers. 2-8 cm high; Leaves opposite, sessile, thick, triangular, suborbicular, obovate. Flowers singly in leaf axils; Petals 5-6, ovate, obtuse; Stamens 10, purple. Both dry and damp sites; Alaska, Northern part of Canada, Greenland, Iceland, Russia, Svalbard, Western part of USA.

1, 3, 4 꽃
2 무리지어 꽃이 핀 모습

1, 2, 4 스발바르 뉘올레순
3 캐나다 캠브리지 베이

©loan

생태 특징 다른 종과의 경쟁이 거의 없는 혹독한 환경에서 자란다. 잎 구조상
건조내성이 있다. 지구 최북단에 서식하는 대표적인 현화식물 4종 중 하나로
알려져 있다. 캐나다 북극 군도의 우점종이다. 빙하후퇴지역에서 퇴빙 후 몇
년 지나지 않아 개척자 종인 노랑범의귀와 자주범의귀가 자라기 시작한다.
쓰임새 바위를 깨며 자라는 특성 때문에 담석증 환자들이 약으로 섭취하기도
하였다. 뿌리는 주근깨 제거와 치통 완화에 효과가 있다고 오래전부터 알려
져 있다.

1~3, 8 꽃
4, 7 기는 줄기가 발달한 모습
5 잎이 거의 마른 상태에서 꽃을 피운 모습
6 씨방이 성숙한 꽃에 빗물이 고인 모습

📷

1, 2, 4~8 스발바르 뉘올레순
3 캐나다 캠브리지 베이

1

049

# 물범의귀

*Saxifraga rivularis* L.

Highland Saxifrage, Weak Saxifrage

Saxi-: 산의 둔덕. fraga: 중단
rivularis: 강물의

다년생 초본. 기는줄기로 서식범위를 넓힌다.

높이 2~6cm. 땅속으로 기는줄기가 규칙적으로 존재한
다. 잎은 어긋나며, 아래쪽 잎은 손바닥 모양으로 갈라
져 있다.

짧은 꽃차례에 1~3개의 꽃이 핀다. 꽃받침열편과 꽃잎
은 각 5개이고 꽃잎은 흰색 또는 붉은색이 도는 흰색이
다.

습한 곳에서 자라며, 그린란드, 러시아, 미국 서부, 스발
바르, 아이슬란드, 알래스카, 캐나다 북부에 분포한다.

Saxifraga: 'Saxum' meaning knoll,
and 'frango' meaning breaking.
rivularis: River. Perennial herb; Local
vegetative reproduction by runners.
2-6 cm high; Subterranean runners
regularly present; Leaves alternate;
Basal leaves palmately lobed. 1-3
flowers in a short cyme; Sepals 5;
Petals 5, white or reddish white.
Growing moist to wet places; Alaska,
Northern part of Canada, Greenland,
Iceland, Russia, Svalbard, Western
part of USA.

1 꽃과 열매
2, 3, 5 꽃
4 열매

📷
1, 3~5 스발바르 뉘올레순
2 스발바르 롱이어뷔엔

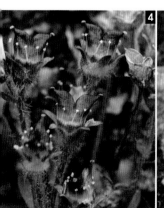

생태 특징 북극식물 가운데 가장 넓은 지역에 흔하게 자란다. 북아메리카와 유라시아에서도 발견된다.

050 ## 스발바르바위취

*Saxifraga svalbardensis* Øvstedal

Svalbard Saxifrage

- Saxi-: 산의 둔덕. fraga: 중단
  svalbadensis: 스발바르 지역의

- 다년생 초본. 물범의귀와 씨눈바위취의 교잡종으로 알려져 있으며, 기는줄기와 구슬눈으로 영양번식을 한다.

- 높이 10~12cm. 기저부의 잎은 잎집이 있고 손바닥 모양이며, 꽃줄기의 잎은 작다.

- 연보라색의 잎맥을 가진 흰색 꽃이 줄기 끝에 한 개씩 자라고, 많은 씨가 맺히지만 거의 싹이 나지 않는다.

- 이끼층 등으로 덮인 습한 지역에 제한적으로 자라며, 스발바르 지역에 제한적으로 분포한다.

Saxifraga: 'Saxum' meaning knoll, and 'frango' meaning breaking. svalbardensis: Svalbard. Perennial herb; Hibrid origin from *S. cernua* and *S. rivularis*; Vegetative reproduction by runners and bulbils. 10-12 cm high; Basal leaves sheathing, palmately lobed; Stem leaves smaller and simple. Petals white, lilac veins; Inflorescence one single, terminal flower; Seeds very rarely developed. Wet moss tundra, mossy mires and wetlands; Restricted to Svalbard.

1, 2, 3 꽃이 핀 모습
4 꽃

1~4 스발바르 롱이어뷔엔

©홍순규

051

# 세뿔범의귀

*Saxifraga tricuspidata* Rottb.

Three Toothed Saxifrage, Pricky Saxifrage

- Saxi-: 산의 둔덕. fraga: 중단
  tricuspidata: 3개의 창 또는 꼬챙이 모양

- 다년생 초본. 잎은 딱딱하고 질기며 1~3개의 돌기가 있다.

- 높이 5~25cm. 줄기는 적색이 도는 기는줄기이다. 잎은 빽빽하게 방석 모양을 이룬다.

- 한 개의 꽃차례에 3~10개가 핀다. 꽃잎은 흰색 또는 황색, 5장이고 서로 떨어져 있다.

- 암석과 자갈이 많은 건조한 북극에서 자란다. 그린란드, 알래스카, 캐나다 북부에 분포한다.

Saxifraga: 'Saxum' meaning knoll, and 'frango' meaning breaking. tricuspidata: Three sharp things like spears or picks. Perennial herb; Vegetative leaves rigid, leathery, with 1-3 prickly. 5-25 cm high; Often reddish-tinged stems; Stoloniferous; Leaf densely matted-caushions. Flowers per inflorescence 3-10; Petals 5 free, white or yellow. Rocks and dry gravel areas, Arctic; Alaska, Northern part of Canada, Greenland.

©Ioan

1, 3 꽃
2 무리지어 꽃이 핀 모습
4 새순

1~4 캐나다 캠브리지 베이

3

©홍순규

4

**생태 특징** 식물의 높이와 군락의 활력도는 환경조건에 따라 달라진다. 잎의 구조와 서식처 특징을 고려할 때 건조에 내성이 있는 것으로 보인다.

**쓰임새** 잎을 차로 만들 수 있고, 강아지의 발을 튼튼하게 만들기 위해 뾰족한 잎을 강아지 침대로 사용하기도 한다.

©홍순규

052

# 민담자리꽃나무

*Dryas integrifolia* Vahl

Entire-leaf Mountain Avens

Dryas: 참나무
integri-: 완벽한. folia: 잎.

키 작은 관목. 툰드라의 황무지에서 가지와 줄기가 뒤얽혀 지름 10~100cm의 방석 모양으로 자란다.

높이 2~17cm. 지상부 줄기는 땅 위로 포복한다. 잎은 혁질이며 잎가장자리는 밋밋하다.

꽃줄기는 털이 많다. 꽃은 한 개 핀다. 꽃잎은 흰색 또는 황색, 7~11장이고 서로 떨어져 있다.

경사지, 능선, 건조한 곳에서 자란다. 그린란드, 미국 북부, 알래스카, 캐나다 북부에 분포한다.

Dryas: Oak. integrifolia: Entire leaf. Dwarf shrubs, or low shrubs with branched intertwined stems forming mats 10-100 cm in diameter on barren tundra. 2-17 cm high; Aerial stems prostrate; Blades leathery; Blade margins entire. Flowering stem hairs woolly; Flowers solitary; Petals 7-11 free, white or yellow. Slopes, ridges, dry; Alaska, Northern part of Canada, Greenland, Northern part of USA.

2

생태 특징 북미의 북쪽에 넓게 분포하며 그린란드의 해변 지역에도 분포한다. 꽃이 태양을 따라 움직인다. 개척자 종으로, 명확한 호석회식물이며, 메마르고 바위가 많으며 유기물이 있는 곳에 풍부하다. 캐나다의 팡니르퉁(Pangnirtung) 지역에서는 광범위한 천이 초기 종이다. 열매는 작은 설치류 및 조류의 중요한 먹이원이다.
쓰임새 잎은 혀를 마비시키는 것으로 알려져 있다.

3

4

5

1, 2 꽃
3 열매
4 꽃이 진 모습
5 꽃봉오리

📷
1, 2, 4, 5 캐나다 캠브리지 베이
3 그린란드 자켄버그

1

053

# 북극담자리꽃나무

*Dryas octopetala* L.

Mountain Avens, Eightpetal Mountain-avens

**S²** Dryas: 참나무
octopetala: 꽃잎이 8개인

🔍 키 작은 상록성 관목. 편평한 방석 모양으로 모여 자란
다. 흰색의 꽃이 크고 잎은 참나무 잎을 닮았다.

🌱 높이 5~10cm. 잎가장자리는 굴곡이 있고, 잎 뒷면에
미세한 백색 솜털이 난다.

⚜ 꽃잎은 흰색이며 8개, 둥근 모양이다. 열매는 껍질이
딱딱한 견과이며 깃털 모양의 암술대가 견과에 붙어
있다.

👥 건조한 곳에서 자라며, 그린란드, 러시아, 미국 북부와
서부, 스발바르, 아이슬란드, 알래스카, 캐나다 북부에
분포한다.

Dryas: Oak. octopetala: With
8 petals. Low, evergreen shrub;
Forming compact, flat cushions;
Big, white flower; Leaves similar to
oak. 5-10cm high; Leaves sinuate,
finely white-downy beneath. Petals
8, white, roundish; A nut-like fruits
with long and feather-shaped style.
Growing in dry localities; Alaska,
Northern part of Canada, Greenland,
Iceland, Russia, Svalbard, Western
and northern part of USA.

생태 특징 스발바르에 흔하며, 건조한 지역에 널리 분포한다. 유럽, 아시아, 북아메리카의 북극, 아북극, 고산지역, 환북극 지방에 분포한다. 석회질의 바위에 한정되어 분포하며, 때때로 순군락을 이루기도 한다.

1, 4 방석 모양으로 자라는 모습
2 꽃과 열매
3 꽃
5 열매

📷
1 스발바르 뉘올레순
2, 4, 5 스발바르 롱이어뷔엔
3 그린란드 자켄버그

165

**1**

1, 5, 6 꽃과 열매
2, 4 단풍이 든 모습
3 꽃

1~4, 6 스발바르 뉘올레순
5 스발바르 롱이어뷔엔

**2**

**3**

**4**

5
6

054

# 북극양지꽃

*Potentilla nana* Willd. ex Schltdl.

Arctic Cinquefoil

S² Potentilla: 힘
nana: 작은

🔍 다년생 초본. 수 개의 줄기가 모여 다발을 이룬다.

🌱 높이 2~10cm. 잎은 3개의 작은 잎으로 이루어져 있고, 이빨 모양으로 갈라져 있다.

🌼 한 개의 꽃차례에 1~3개의 꽃이 피며 갈래꽃이다. 꽃잎은 노란색이고, 심장 모양이고 꽃받침보다 길다.

🏞 습한 지역 또는 적설지대에서 자란다. 그린란드, 러시아, 스발바르, 알래스카, 캐나다 북부에 분포한다.

Potentilla: Power or force. nana: Small. Perennial herb; Stems several, densely tufted. 2-10 cm high; Leaves 3 hairy leaflets, coarsely toothed. Inflorescence with 1-3 flowers; Petals 5 free, yellow, inversely heart-shaped, longer than sepals. Moist places, snow beds; Alaska, Northern part of Canada, Greenland, Russia, Svalbard.

1 전체 모습
2, 3 기는줄기가 벋는 모습
4 꽃

1~4 그린란드 자켄버그

055

# 다발양지꽃

*Potentilla pulchella* R.Br. ssp. *pulchella*
Tufted Cinquefoil, Pretty Cinquefoil

**S²** Potentilla: 힘
pulchella: 작고 예쁜

**Q** 다년생 초본. 주 줄기는 통통하고, 목질이며, 잔가지가
없거나 기저부에 나타나기도 한다.

**↓** 꽃줄기는 15~20cm. 대부분의 잎은 기저부에서 나오
며, 크기는 ~10cm로 다양하게 나타난다.

**◉** 노란색 꽃은 좌우대칭으로 꽃잎과 꽃받침이 5장이다.
열매는 견과로 1개의 꽃에서 40~50개가 열린다.

**⚘** 나지나 식생이 산개하여 자라는 곳에 서식하며, 온도
가 높으면 생육이 불량해진다. 캐나다, 알래스카, 그린
란드, 스발바르에 분포한다.

Potentilla: Power or force. pulchella:
Small and beautiful. Perennial herb;
Main stem stout, woody, unbranched
or branched caudex at ground level.
Flowering stem 15-20 cm high;
Most leaves basal, from minute
up to 10 cm long. Flowers yellow,
symmetric with five sepals, and
petals; Fruit nutlet, 30-50 per flower.
Most common in open or sparsely
vegetated sites with abundant clay or
loam, not thermophilous; Canada,
Alaska, Greenland, Svalbard.

1, 2, 4 꽃
3 무리지어 자라는 모습
5 기는줄기가 벋은 모습

1~5 스발바르 뉘올레슨 오시안
사라펠렛

056

# 진들딸기

*Rubus chamaemorus* L.

Cloudberry

**S²** Rubus: 붉은색 과일에서 유래
chamae-: 땅의, 땅 위의. moros: 멀베리, 뽕

🔍 키 작은 다년생 초본. 줄기가 목질화되었으며, 근경에
기는줄기가 있다.

🌱 높이 10~25cm. 잎은 어긋나며, 굵은 맥이 존재하고 5
개로 갈라져 있다.

🌸 꽃잎은 5장(가끔 4장)이며, 흰색이고 둥글다. 오렌지
색깔의 열매는 연어 알덩어리처럼 생겼다.

🏔 고산지대, 북극툰드라, 북방침엽수림의 이탄습지와 습
한 지역에서 나타난다. 그린란드, 러시아, 미국 북부,
아이슬란드, 알래스카, 캐나다에 분포한다.

Rubus: From red fruit. chamaemorus: Greek chamai 'on the ground', moros 'mulberry'. Perennial herb; Low and woody plant; Rootstock with runners. 10-25 cm high; Leaves alternate, coarse veined, 5 lobes. Petals 5 (often 4), white, round; Fruit in colored orange, like a cluster of salmon eggs. Bogs and wet regions in alpine, arctic tundra and boreal forest; Alaska, Greenland, Northen part of USA, Canada, Russia, Iceland.

1 꽃이 진 모습
2, 3 열매
4, 5 꽃

📷

1~5 알래스카 카운실

생태 특징  환북극 지방에 분포하며, 캐나다 동부부터 베링 해협을 지나 북유럽의
스칸디나비아까지 퍼져 있다. 그린란드 남쪽에도 분포한다.
쓰임새  이누이트가 선호하는 야생 과일이다. 잎은 차 대용으로 이용되기도 한다.

057

# 스티븐조팝나무

*Spiraea stevenii* (C.K. Schneid.) Rydb.

Beauverd Spirea

Spiraea: 꼬인

직립형 관목. 원줄기가 가늘고 가지가 많다.

높이 50cm. 잎은 윤기가 있고 어긋난다. 잎은 주로 넓은 타원형이나 형태, 높이, 톱니가 다양하다.

꽃은 산형꽃차례이며 흰색 또는 분홍색이다.

툰드라 이탄습지, 아고산지대 평원 또는 산림에서 자란다. 알래스카, 캐나다 북부에 분포한다.

Spiraea: Twist. An erect shrub with branched, slender stems. 50 cm high; Leaves alternate, shiny and oval, various forms, height, and serration. Flowers tiny, white to pinkish, crowded in a flat-topped cluster. Growing in woods, alder thickets, tundra bogs, subalpine meadows; Alaska, Northern part of Canada.

1, 4 꽃
2 꽃이 지고 열매가 익어 가는 모습
3 열매가 달린 모습

📷
1~4 알래스카 카운실

©Ioan

058

# 고산황기

*Astragalus alpinus* L.

Alpine Milk-vetch

S² Astragalus: 복사뼈(족근 근위부의 뼈)
Alpinus: 고산성의

🔍 다년생 초본. 땅속줄기를 가지고 있으며, 식물체는 방석을 형성하고, 개척종으로 알려져 있다.

🌱 30cm 이상의 줄기는 땅 위로 뻗으며, 뿌리에는 뿌리혹(질소고정)이 있다.

⚙ 1개 꽃줄기에 총상꽃차례로 30개 이상의 꽃이 피며, 색깔은 보라색이나 푸른색을 띤다.

👥 아고산, 고산기후대의 습한 지역에 서식하며, 그린란드, 미국 북서부, 알래스카, 캐나다에 분포한다.

Astragalus: One of the proximal bones of the tarsus. alpinus: alpine. Perennial herb; Rhizomal; Forming a mat; Pioneer species. Stem 30 cm, decumbent; Root nitrogen-fixing nodules. Inflorescence a raceme, up to 30 flowers; Flower purple or blue. Subalpine and alpine climates, moist areas; Alaska, Canada, Greenland, Western and northern part of USA.

©홍순규

1, 2, 4 꽃
3 꽃봉오리와 잎

1~4 캐나다 캠브리지 베이

1

# 눈자운

*Astragalus australis* (L.) Lam.

Indian Milkvetch

S² Astragalus: 복사뼈
australis: 남쪽

🔍 다년생 초본. 꽃잎의 용골판 끝에 뚜렷한 문양이 있다.

🌱 높이 10~25cm. 뿌리 위의 짧은 줄기에서 가는 줄기가 나오거나 잎이 달린다. 잎은 일찍 시든다.

🌼 한 개의 꽃차례에 7~15개의 꽃이 핀다. 꽃잎은 녹색, 흰색 또는 자주색으로 5장이다. 열매는 눈에 띄게 편평하다.

🏞 경사지대, 해안, 배수가 잘되는 건조지대에 자란다. 미국 북부와 서부, 알래스카, 캐나다 북부에 분포한다.

Astragalus: Ankle bone. australis: South. Perennial herb; Petals contrasting markings, a blot of color on the tip of the keel. 10-25 cm high; Leaves or spreading stems arising from a caudex, marcescent. Flowers per inflorescence 7-15; Petals 5, green, white or purple; Fruit distinctly flattened. Growing in slopes, ridges, seashores, dry, or moderately well drained areas; Alaska, Northern part of Canada. Western and northern part of USA.

1, 3 꽃과 잎
2, 4 꽃
5 솜털이 무성한 잎

 1~5 캐나다 캠브리지 베이

ⓒ홍순규

<u>쓰임새</u> 크리(Cree)와 스톤(Stone) 인디언들은 뿌리를 봄철 야채로 이용한다.

1 ©김옥선

060

# 북극나도황기

*Hedysarum boreale* Nutt. subsp. *mackenzii* (Richardson) S.L. Welsh

Utah Sweetvetch

**S** Hedysarum: 향이 있는
boreale: 북부

**Q** 다년생 초본. 꽃잎의 밑부분은 옅은 황색, 끝은 짙은 자주색이고 점점 진해진다. 식물체에 독이 있다.

**🌱** 높이 15~40cm. 뿌리는 두껍고 질기다. 뿌리 위에 짧은 줄기가 존재한다.

**🌸** 한 개의 꽃차례에 7~15개의 화려한 꽃이 피며, 달콤한 향이 난다. 꽃잎은 자주색으로 5장이다.

**👥** 툰드라, 경사지대, 건조지대, 자갈, 점토에서 자란다. 미국 북부와 서부, 알래스카, 캐나다 북부에 분포한다.

Hedysarum: Scented. boreale: Northern. Perennial herb; Color gradation from deep purple at the tip of the petals to pale yellowish at the base; Poisonous species. 15-40 cm high; Roots thick and fibrous; Caudex present. Flowers per inflorescence 5-15; showy and sweet scented; Petals 5, purple. Growing in tundra, slopes, dry, gravel, clay; Alaska. Northern part of Canada. Western and northern part of USA.

©홍순규

2

1, 3 다른 식물과 함께 자라는 모습
2 꽃
4 잎

1~4 캐나다 캠브리지 베이

3

©김옥선

4

© 홍순규

061

# 메이델두메자운

*Oxytropis maydelliana* Trautv. subsp. *melanocephala*

Maydell's Oxytrope

- ⑤ Oxytropis: 날카로운 용골판
- 🔍 다년생 초본. 꽃잎에 뚜렷한 문양이 있고 기판의 맥은 선명한 편이다.
- 🌱 높이 10~30cm. 지상부의 줄기는 포복성이다.
- 🌸 총상꽃차례이며 한 개의 꽃차례에 2~9개의 꽃이 핀다. 5장의 꽃잎은 노란색 또는 크림색이다.
- 👥 저위도 북극권의 툰드라, 경사지, 능선에서 자란다. 러시아, 알래스카, 캐나다 북부에 분포한다.

Oxytropis: Sharp keel. Perennial herb; Contrasting markings; Veins in the banner petals somewhat conspicuous. 10-30 cm high; Aerial stems decumbent. Inflorescence racemose; Flowers per inflorescence 2-9; Petals 5, yellow or cream. Growing in tundra (heath), slopes, ridges in low arctic; Alaska, Northern part of Canada, Russia.

©홍순규

1, 2, 4 꽃
3 자갈 틈에서 자라는 모습

📷 1~4 캐나다 캠브리지 베이

©홍순규

©홍순규

<u>생태 특징</u>  노란색 꽃은 기러기의 먹이원이다.
<u>쓰임새</u>  뿌리는 생으로 먹을 수 있는데, 위통에 좋고 설사 치료에 이용할 수 있다.

183

1, 4 다른 식물과 함께 자라는 모습
2, 3, 5, 6 꽃

1~6 캐나다 캠브리지 베이

©홍순규

©홍순규

©김옥선

©홍순규

062 **보라두메자운**

*Oxytropis nigrescens* (Pall.) Fisch. ex DC.

Purple Oxytrope, Blackish Oxytrope

Oxytropis: 날카로운 용골판
nigrescens: 검은색

다년생 초본. 줄기는 무작위로 뻗으며 납작한 방석 모양으로 자란다.

높이 1~5cm. 잎은 줄기를 따라 어긋나며 매우 빽빽하게 자란다.

꽃은 보라색이고 대부분 꽃은 줄기 끝에 하나가 달린다.

개방되어 건조한 암석이 많은 고산지대에서 자란다. 알래스카, 캐나다 북부에 분포한다.

Oxytropis: Sharp keel. nigrescens: Black. A very low, sprawling cushion-like perennial herb. 1-5 cm high; Leaves distributed along the stems, very compact, alternate. Purple flower usually in solitary. Exposed, dry, rocky alpine areas; Alaska, Northern part of Canada.

1, 2, 4 꽃
3, 5 열매

1~5 알래스카 스쿠컴

1　　　　　　　　　　　　　　　　　　　　　©홍순규

063
# 검두메자운

*Oxytropis nigrescens* var. *uniflora* (Hooker) Barneby

Oneflower Blackish Locoweed

**S?** Oxytropis: 날카로운 용골판
nigrescens: 검은색
uniflora: 한 개의 꽃

**Q** 다년생 초본. 식물체 전체에 빽빽하게 털이 있다.

**↓** 높이 1~5cm. 잎은 방석 모양으로 나거나 뿌리 위의 짧은 줄기에서 가는 줄기 또는 잎이 달린다.

**◎** 한 개의 꽃차례에 1~2개가 핀다. 꽃잎은 자주색이고, 5개이다.

**👥** 저위도 북극권, 하안단구에서 자란다. 알래스카, 캐나다 북부에 분포한다.

Oxytropis: Sharp keel. nigrescens: Black. uniflora: One flower. Perennial herb; Densely hairy. 1-5 cm high; Cushion-like, or with leaves or spreading stems arising from a caudex. Flowers per inflorescence 1-2; Petals 5, purple. Growing in river terraces, in low arctic; Alaska, Northern part of Canada.

1, 3, 5 꽃
2 꽃과 잎
4 방석 모양으로 자라는 모습

1~5 캐나다 캠브리지 베이

064

# 각시분홍바늘꽃

*Chamerion latifolium* (L.) Holub

Broad-leaved Willowherb, River Beauty, Dwarf Fireweed

**S²** Chamerion: 키가 작은 협죽도
latifolium: 잎이 넓은

🔍 다년생 초본. 4개의 장미색 또는 옅은 자주색의 꽃잎
과 더 어두운 색깔의 길고 가느다란 꽃받침이 있다.

🌱 높이 15~30cm. 줄기는 통통한 편이며, 땅속줄기가 없
다. 잎은 줄기를 따라 어긋나며, 가장자리가 밋밋하고,
창 모양의 잎이 있다.

⚙ 하나의 꽃줄기에 3~14개의 꽃이 달리고, 수술은 8개
가 있고, 암술대는 1개이다.

🏞 자갈이 있는 지역, 건조한 초지, 강가, 길가 등에 자란
다. 그린란드, 아이슬란드, 알래스카, 캐나다 북부에
분포한다.

Chamerion: Dwarf oleander.
latifolium: Wide leaves. Perennial
herb; 4 purple-rose petals and 4
almost as long, but narrow, darker
sepals. 15-30 cm high; Stems
stout; Without rhizomes; Leaves
opposite, entire, elliptic lance-shaped.
Inflorescence with 3-14 flowers; 8
stamens; 1 shorter style. Gravelly
places, dry heaths, river-beds and
roadsides; Alaska, Greenland,
Northern part of Canada, Iceland.

©loan

2

1, 3 꽃과 열매
2 대군락을 이루어 꽃이 핀 모습
4 꽃

📷
1, 3 그린란드 자켄버그
2, 4 캐나다 캠브리지 베이

3

4

©loan

생태 특징 그린란드에서는 '어린 여자'라는 뜻으로 불리고, 나라를 대표하는 꽃
이다.
쓰임새 식물의 모든 부분을 먹을 수 있다. 차를 만들어 먹으면 위통, 코피 등을
멈추는 데 좋다. 불을 때기 위한 연료나 단열재로도 사용이 가능하다. 스프,
스튜 또는 샐러드 같은 음식에 사용된다.

1

065

# 큰꽃노루발

*Pyrola grandiflora* Radius

Largeflowered Wintergreen, Arctic Wintergreen

- **S?** Pyrola: 배
  grandiflora: 꽃이 큰

- 🔍 다년생 초본. 잎의 밑부분에 긴 잎자루가 있다. 잎은
  원형이다.

- 🌱 높이 3~25cm. 기저부에 다발 모양인 상록성의 잎이
  난다. 잎은 혁질이고 편평하다. 잎가장자리는 밋밋하
  다.

- 🌸 총상꽃차례이다. 꽃잎은 흰색 또는 분홍색으로, 5개가
  서로 떨어져 있다.

- 🏞 북극권의 배수가 불완전한 습지나 건조지에서 자란다.
  그린란드, 아이슬란드, 알래스카, 캐나다 북부에 분포
  한다.

Pyrola: Pear. grandiflora: Large-flowered. Perennial herb; Leaves with basal, long-petioled; Circular blades. 3-25 cm high; Leaves in a basal tuft, evergreen; Blades spreading, leathery, flat; Blade margins entire. Inflorescence racemose; Petals 5 free, white or pink. Growing on imperfectly drained moist areas or dry areas in Arctic; Alaska, Northern part of Canada, Greenland, Iceland.

1, 3, 4 꽃
2 꽃의 뒷면

📷
1~4 그린란드 자켄버그

066 # 암매

*Diapensia lapponica* var. *obovata* F. Schmidt

Pincushion Plant

- lapponicum: 라플란드, 스칸디나비아 북부 및 러시아 북서부의 콜라반도를 포함한 지역

- 키 작은 관목. 매우 작고 밀집한 잎이 방석 모양으로 자란다.

- 높이 5cm 이하. 세계에서 가장 작은 나무이다.

- 꽃은 짧은 줄기에 컵 모양 또는 종 모양으로 달려 있다. 꽃잎은 흰색 또는 분홍색으로, 5개가 붙어 있다.

- 툰드라의 자갈지대 및 암석이 많은 고산지대에서 자란다. 알래스카, 캐나다 북부에 분포한다.

lapponicum: Places Lapland in Finland, Norway, Sweden etc. Sub-shrub in small tight mats, like dense cushions; Dwarf and tufted. Less than 5 cm high; Considered to be the world's smallest tree. Flower cup or bell shaped on short stems; 5 joined petals, white or pinkish. Gravelly spots in tundra and rocky alpine; Alaska, Northern part of Canada.

1, 2 꽃
3 열매
4 동전과 크기 비교

1~4 알래스카 스쿠컴

**생태 특징** 유선 형태의 식물은 열과 영양염류를 얻는데 효율적이어서 북극과 고산 지역에서 자라는 데 도움이 된다. 동북아시아의 북극과 고산 지역에 널리 분포한다.

1

067

# 애기석남

*Andromeda polifolia* L.

Bog rosemary

S² Andro-: 남자 또는 남편. meda: 생각하다.
polifolia: 잎이 많은

🔍 키 작은 상록성 관목. 식물체에 독이 있다. 가지가 많
지 않으나 개체들이 모여난다. 꽃은 종 모양이다.

🌱 높이 20cm, 청록색 잎은 가늘고, 단단하며 혁질이다.

❀ 꽃은 분홍색이나 흰색이며, 줄기 끝에 모여난다. 꽃차
례는 산형꽃차례이다.

🏞 산지 내의 이탄습지와 움푹 패인 습한 지역에서 자란
다. 미국 북부, 알래스카, 캐나다에 분포한다.

Andro-: Man or husband. meda:
Think. polifolia: Many leaves. Dwarf
evergreen shrub; Poisonous species;
Plants not many branches but
forming clamps; Flowers bell-shaped.
Up to 20 cm high; Leaves blue-
green, firm, narrow, leathery. Flowers
pink or white, clustered at the end
of the bran-ches; Inflorescence
umbel. Bogs and moist depressions
in the mountains; Alaska, Canada,
Northern part of USA.

1, 4 꽃
2 열매
3 선태류와 함께 자라는 모습

1~4 알래스카 카운실

068

# 고산나도들쭉

*Arctostaphylos alpina* (L.) Spreng.

Alpine Bearberry

**S?** Arctos-: 맺다. staphylose: 포도 한 송이
alpina: 산, 산의

🔍 키가 매우 작은 낙엽성 관목. 가지와 잎이 무성하게 매
트 모양으로 자란다.

🌱 높이 10cm. 잎은 가을이 되면 밝은 적색으로 변한다.

🌸 꽃은 항아리 모양으로 꽃잎은 흰색이고 잎과 함께 개
화한다. 과즙이 많고 윤기 없는 검은색 장과는 먹을
수 있다.

🏞 암석이 많은 고산지대와 툰드라에서 자란다. 그린란
드, 미국 북부, 알래스카, 캐나다 북부에 분포한다.

Arctostaphylos: 'Arctos' meaning
'bear' and 'staphylose' meaning 'a
bunch of graphes'. alpina: In the
mountain. A very low deciduous,
branched shrub forming large mats
with leaves. 10 cm high; Leaves turn
bright red in fall. White flowers, urn-
shaped, bloom with leaves; Fruits
edible, black, juicy, dull-looking.
Rocky alpine areas and tundra;
Alaska, Northern part of Canada,
Greenland, Northern part of USA.

1, 2 무리지어 자라는 모습
3, 4 열매

📷
1, 2 알래스카 스쿠컴
3, 4 알래스카 카운실

생태 특징  열매는 동물들이 먹는데, 특히 곰이 잘 먹는다.
쓰임새  잎으로 강한 맛의 차를 만들 수 있는데, 위통과 신장병을 완화시킨다.

069

# 북극종꽃나무

*Cassiope tetragona* (L.) D. Don

White Arctic Bell-heather

**S?** Cassiope: 그리스 신화에서 에티오피아의 여왕 Ka-ssiope에서 유래
tetragona: 사각형

**Q** 상록성 관목. 흰색의 종 모양 꽃이 핀다. 식물체 전체에서 진한 향기가 난다.

**↓** 높이 5~15cm. 식물체는 4줄로 배열된 질긴 잎으로 덮여 있다. 기는줄기를 따라 가는 뿌리가 자란다.

**◉** 꽃줄기는 없으나, 꽃자루(소화경)는 있다. 5개의 흰색 꽃잎이 붙어 종 모양을 이룬다.

**⛰** 건조지역, 경사지에서 자주 발견된다. 그린란드, 러시아, 미국 북부, 스발바르, 알래스카, 캐나다 북부에 분포한다.

Cassiope: Named after Queen Kassiope in Ethiopia in Greek mythology. tetragona: Square. Evergreen shrubs; White, bell-shaped flowers; Strong aromatic scent. 5-15 cm high; Covered with leathery leaves arranged in four rows; Fibrous roots formed along the prostrate stems. Flowering stems absent; Pedicels present; 5 petals fused. Growing in dry localities, especially on slopes; Alaska, Northern part of Canada, Greenland, Russia, Svalbard, Northern part of USA.

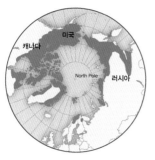

1 꽃과 잎
2 꽃과 열매
3 붉은 새순
4 꽃

📷
1~3 스발바르 롱이어뷔엔
4 스발바르 뉘올레순

쓰임새 불을 지피기 위한 연료나 지붕의 단열을 위해 사용한다. 식물체를 넣고 순록 가죽으로 싸서 찌 또는 뗏목을 만들기도 한다.

1, 3, 4, 6 꽃
2 붉은 새순
5 열매

📷

1 스발바르 뉘올레순
2 스발바르 롱이어뷔엔
3 알래스카 스쿠컴
4, 5 그린란드 자켄버그
6 캐나다 캠브리지 베이

070 **참백산차**

*Ledum palustre* L.

Marsh Labrador Tea

**S?** Ledum: 시스투스 속과 같은
palustre: 습지에서 자라는

**Q** 키 작은 관목. 잎은 향이 있으며 상록성이다.

**🌱** 높이 10~30cm. 줄기는 분지되어 있으며, 진녹색의 잎은 일자 모양이다. 잎가장자리는 매끄럽다.

**❀** 산형꽃차례이다. 한 개의 꽃차례에서 5~20개의 꽃이 핀다. 꽃잎은 흰색이고 5장이 서로 떨어져 있다.

**🏞** 툰드라 전역에서 자란다. 주로 건조한 지역에 자라나 때때로 습지 주변에서 서식하기도 한다. 그린란드, 러시아, 알래스카, 캐나다 북부에 분포한다.

Ledum: Like genus cistus. palustre: Growing in marshes. Low shrub, evergreen; Leaves aromatic. 10-30 cm high; Stems branched; Leaves dark green, linear; Blade margins entire. Inflorescence an umbel, axillary; Flowers per inflorescence 5-20; Petals 5 free, white. Occurred all over the tundra, dry area but often found adjacent to marsh; Alaska, Northern part of Canada, Greenland, Russia.

1 꽃과 잎
2 비탈에서 자라는 모습
3 열매
4 꽃

📷
1, 2 알래스카 스쿠컴
3, 4 알래스카 카운실

생태 특징  위도가 높은 지역에서는 잎의 생산이 줄어들고 질소 농도가 높아진
다. 또한 오랫동안 잎이 달려 있다.
쓰임새  잎으로 만든 차는 위통에 좋고, 결핵이나 가벼운 병에 걸린 사람이 호
흡을 쉽게 할 수 있도록 도와준다. 차의 증기는 코막힘을 해소한다. 차로 우려
낼 때 독성물질이 나오는 것을 막기 위해 10분 이상 물에 담가 놓지 않는다.

071

# 고산나도철쭉

*Loiseleuria procumbens* (L.) Desv.

Alpine Azalea

procumbens: 포복성의

상록성 관목. 아주 작은 식물체가 납작한 매트 모양으로 자란다. 흔히 지의류와 함께 발견된다.

높이 5~10cm. 잎은 작고 넓은 타원형이며 마주난다.

작고 밝은 분홍색의 꽃잎이 5장 달린 꽃이 무리지어 핀다.

툰드라의 경사지, 마른 초지에 자란다. 그린란드, 러시아, 아이슬란드, 알래스카, 캐나다 북부에 분포한다.

procumbens: Procumbent. Evergreen shrub; A dwarf mat forming; Frequently found with lichen. 5-10 cm high; Leaves small, oval and opposite. Cluster of tiny flower; Light pink 5 petals. Tundra, slopes, dry meadows; Alaska, Northern part of Canada, Greenland, Iceland, Russia.

1 꽃과 잎
2 들쭉나무, 지의류와 함께 자라는 모습
3 검은시로미, 지의류와 함께 자라는
모습
4 동전과 크기 비교

1~4 알래스카 스쿠컴

072 **라플란드참꽃**

*Rhododendron lapponicum* (L.) Wahlenb.

Lapland Rosebay

Rhododendron: 'Rhodo' 장미, 'dendron' 나무
lapponicum: 라플란드, 스칸디나비아 북부 및 러시아
북서부의 콜라반도를 포함한 지역

키 작은 상록성 관목. 방석 모양으로 자란다. 포복성이
다.

높이 5~10cm. 잎은 작고 넓은 타원형으로 잎의 앞면
은 진녹색이고 뒷면은 붉은빛을 띤다.

꽃잎은 5개이다. 자주색의 깔때기 모양 꽃들이 가지
끝에 무리지어 핀다.

툰드라의 경사지, 능선, 마른 초지에서 자란다. 그린란
드, 러시아, 알래스카, 캐나다 북부에 분포한다.

Rhododendron: 'Rhodo' meaning
'rose' and 'dendron' meaning 'tree'.
lapponicum: Places Lapland in
Finland, Norway, Sweden etc.
Evergreen shrub; Dwarf and mat-
forming; Prostrate. 5-10 cm high;
Small, oval, hard, dark green leaves
with rusty underside. Petal 5, funnel-
shaped magenta flowers bloom in
dense cluster at the end of branch.
Tundra, slopes, ridges, dry meadows;
Alaska, Northern part of Canada,
Greenland, Russia.

1, 3 꽃이 핀 전체 모습
2 군락을 이룬 모습
4 지의류와 함께 자라는 모습

1~4 알래스카 스쿠컴

073

# 애기월귤

*Vaccinium oxycoccos* L.

Small Cranberry

S²  Vaccinium: Billberry의 옛 이름

상록성 관목. 꽃잎이 뒤로 젖혀져 있다.

높이 5~20cm. 잎은 녹색으로 윤기가 나며 어긋난다.

분홍색 꽃잎은 4장으로 얇고, 수술은 8개로 노란색이다. 열매는 초기에는 옅은 녹색이며, 나중에 붉은색, 갈색으로 바뀌거나 얼룩이 생기기도 한다.

늪지나 이탄습지 및 건조한 언덕에도 나타난다. 러시아, 아이슬란드, 알래스카, 캐나다에 분포한다.

Vaccinium: Old name of billberry. Evergreen shrub; Petals curved backwards. 5-20 cm high; Leaves shiny, green, alternate. Petals 4, pink, narrow; Stamens 8, yellow; Fruit pale green at first, eventually red or brownish, often spotted. Swamps and bogs, dry hummocks; Alaska, Canada, Iceland, Russia.

1, 3 꽃과 묵은 열매
2 열매
4 동전과 크기 비교

1~4 알래스카 카운실

074

# 들쭉나무

*Vaccinium uliginosum* L.

Bog Blueberry

- Vaccinium: Bilberry의 옛 이름
  uliginosum: 습한 장소에서 자라는
- 낙엽성 관목. 진청색 장과가 열린다.
- 높이 50cm. 잎은 달걀 모양이고 가장자리는 밋밋하다.
- 꽃은 작고 분홍색의 종 모양이다. 부드럽고 약간 시큼한 맛이 있는 열매가 7~8월 초까지 열린다.
- 습지, 목초지, 툰드라 및 고산지대 경사에 자란다. 그린란드, 미국 북부와 서부, 아이슬란드, 알래스카, 캐나다 북부에 분포한다.

Vaccinium: Old name of bilberry. uliginosum: Growing on wet places. Deciduous shrub with dark blue berries. 50 cm high; Leaf oval, entire margins. Small pink bell-shaped flowers; Soft, tasty, slightly tart-berries from July to early September. Bogs, woodlands, tundra and alpine slopes; Alaska, Northern part of Canada, Greenland, Iceland, Western and northern part of USA.

쓰임새 열매는 설사에 도움이 되나, 너무 많이 먹으면 대변이 단
단해진다. 잎은 차를 만들 수 있고, 열매는 잼, 파이 등을 만들
며, 줄기는 감기 치료를 위해 차로 만들 수 있다.

1 꽃과 잎
2 꽃이 핀 전체모습
3 어린 열매와 꽃
4, 5 열매

📷
1, 2 알래스카 스쿠컴
3, 5 알래스카 카운실
4 그린란드 자켄버그

075

# 월귤

*Vaccinium vitis-idaea* L.

Lingonberry

S² Vaccinium: Bilberry의 옛 이름
vitis-idaea: 이다(Ida)산의 포도나무

🔍 키 작은 상록성 관목

🌱 높이 2~15cm. 잎은 광택이 있고 뻣뻣하다. 지상부의 줄기는 기는 형태이다.

🌸 한 개의 꽃차례에 1~4개의 꽃이 핀다. 꽃잎은 흰색이고 5장으로 붙어 있다. 열매는 자루가 없다.

🗺 저위도 북극권의 배수가 불완전한 습지 또는 건조지대에서 자란다. 그린란드, 러시아, 아이슬란드, 알래스카, 캐나다 북부에 분포한다.

Vaccinium: Old name of bilberry. vitis-idaea: vine of Mt. Ida. Dwarf shrub; Evergreen. 2-15 cm high; Leaves lustrous leathery; Aerial stems pro-strate. Flowers per inflorescence 1-4; Petals 5 fused, colored in white; Fruit sessile. Growing in imperfectly drained moist areas, or dry, low arctic; Alaska, Northern part of Canada, Greenland, Iceland, Russia.

쓰임새 열매는 빵, 술, 잼 등의 재료이며, 어린잎은 말려서 차로 이용한다. 이누이트는 열매를 으깨 인후염, 발진 등에 습포제로 사용한다. 주스는 식전에 소화를 돕는다. 줄기와 잎을 명반과 섞으면 노란색에서 붉은색을 띠는데, 면섬유 같은 천연섬유의 염색재료가 된다.

1 꽃이 핀 전체 모습
2 무리를 지어 자라는 모습
3 꽃과 묵은 열매
4 동전과 크기 비교
5 열매

1, 3~5 알래스카 카운실
2 알래스카 스쿠컴

076

# 검은시로미

*Empetrum nigrum* L.

Black Crowberry

Empetrum: 암석의 노출부에서 자라는 식물의 이름
nigrum: 검은색

키 작은 상록성 관목. 매트 모양을 형성한다. 먹을 수
있는 검은색 장과가 달린다.

높이 30cm. 줄기는 낮게 기는 모양이나 기는줄기 또는
땅속줄기는 아니다.

꽃은 작고 꽃잎이 뚜렷하지 않으며 짙은 자주색이다.
종자는 9월에 익는다.

산림, 이탄습지, 고산 경사지에 자란다. 그린란드, 미국
북부와 서부, 아이슬란드, 알래스카, 캐나다 북부에 분
포한다.

Empetrum: Name of a plant growing
on rock out-crops. nigrum: Black. A
low mat-forming evergreen shrub;
Black edible berries. 30 cm high;
Branches usually prostrate but no
rhizomes or stolons. Small, obscure,
solitary, dark purple colored flowers;
Seeds ripen in September. Woods,
heaths, bogs, and alpine slopes;
Alaska, Northern part of Canada,
Greenland, Iceland, Western and
northern part of USA.

1, 3, 4 열매와 잎
2 새 열매와 묵은 열매가 함께
달린 모습

1, 2 알래스카 스쿠컴
3 그린란드 자켄버그
4 알래스카 카운실

생태 특징　겨울 동안 열매가 달려 있어서 뇌조류, 꿩류, 곰 등 야생동물의 먹이
가 되기도 한다.

쓰임새　열매는 머핀, 케이크, 잼, 젤리, 주스, 와인, 술 제조에 쓰이며, 열매 주
스와 뿌리를 달인 물은 눈의 염증을 완화해준다. 가지와 줄기를 달인 물은 감
기, 신장병, 결핵에 효과가 있다고 알려져 있다.

## 북극인디언앵초

# 077

*Dodecatheon frigidum* Cham. & Schltdl

Western Arctic Shootingstar

S? Dodecatheon: 올림푸스의 12 신
frigidum: 한랭하고 추운

🔍 다년생 초본. 잎가장자리는 작은 톱니 모양이며 잎자루가 있다.

🌱 높이 20cm. 잎자루가 있는 부드러운 잎이 기저부에 모여난다.

🌸 꽃은 자주색이고 5장의 꽃잎은 뒤집혀 있다. 6~7월 말까지 개화한다.

🏔 습한 초지와 툰드라, 암석이 많은 경사지대, 개방된 숲에서 자란다. 알래스카, 캐나다 북부에 분포한다.

Dodecatheon: Twelve thios gods. frigidum: Frigid and cold. Perennial herb; Petiolate, shaped, slightly dentate leaves. 20 cm high; Basal cluster of smooth leaves on stalks. Magenta flowers; 5 reflexed petals; Flowering from June to late July. Wet meadows, moist tundra, rocky slopes, open forests; Alaska, Northern part of Canada.

1 꽃과 잎
2 암석 근처에서 자라는 모습
3, 4 꽃

1~4 알래스카 스쿠컴

생태 특징 알래스카, 캐나다 인접지역, 시베리아의 베링 해협 전역에서 나타난다.

1

1 지는 꽃과 잎
2 지의류와 함께 자라는 모습
3 꽃
4 지는 꽃과 열매가 성숙하는 모습
5 무리를 이뤄 자라는 모습

1~5 알래스카 스쿠컴

2

3

078

# 시베리아너도부추

*Armeria maritima* ssp. *sibirica* (Turcz. ex Boiss.) Nyman

Siberian Sea Thrift

Armeria: 패랭이속 식물의 라틴명
maritima: 바다의
sibirica: 시베리아로부터

다년생 초본. 분홍색 꽃잎으로 이루어진 꽃이 모여 두상꽃차례를 이룬다.

높이 5~12cm. 짧은 일자 모양의 잎이 기저부에서 나온다.

20~40개의 꽃이 하나의 꽃머리를 이룬다.

고산지대나 툰드라의 경사지 또는 초지에서 자란다. 그린란드, 미국 북서부, 알래스카, 캐나다에 분포한다.

Armeria: Latin name for the Dianthus. maritima: Of the sea. sibirica: From Siberia. Perennial herb; Head-like clusters of flowers with pink petals. 5-12 cm high; Short, basal, linear leaves 3-6 cm long. Flowering head holding 20-40 flowers. Fell-field, heaths and grasslands; Alaska, Canada, Greenland, Northwestern part of USA.

1, 3, 4 꽃
2 꽃이 핀 전체 모습

1, 3, 4 그린란드 자켄버그
2 캐나다 캠브리지 베이

## 079 북극꽃고비

*Polemonium boreale* Adams

Northern Jacob's Ladder

🅢ⁿ Polemonium: 아테네의 철학자 Poernon에서 유래
boreale: 북쪽

🔍 다년생 초본. 불쾌한 향기가 난다.

🌱 높이 10~15cm. 튼튼하고 털이 많다. 선모가 존재한다.
잎은 비대칭인 깃털 모양이다.

🌸 꽃은 아름답고 청색이며 종 모양이다. 꽃잎은 5개이고
밀집된 산방꽃차례이거나 맨 위에 모여난다.

🏞 자갈이나 암석 틈새에서 자란다. 러시아, 스발바르, 알
래스카, 캐나다 북부에 분포한다.

Polemonium: By Athene's philosopher, Poernon. boreale: Northern. Perennial herb; Unpleasant scent. 10-15 cm high; Sturdy, woolly and glandular-pubescent; Leaves unequally pinnately lobed. Flowers beautifully blue, bell shaped, 5 lobes, gathered in compact corymb or crown. Growing on gravels and in rock crevices; Alaska, Northern part of Canada, Russia, Svalbard.

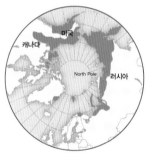

1 꽃이 핀 전체 모습
2 지는 꽃과 잎
3 무리를 지어 자라는 모습
4 꽃

1~5 스발바르 롱이어뷔엔

080 **왕관송이풀**

*Pedicularis capitata* M.F. Adams

Capitate Lousewort

S² Pedicularis: 좋지 않은
   capitata: 머리 모양의 군집

🔍 다년생 초본. 꽃줄기는 털이 많다.

🌱 높이 2~15cm. 잎은 대부분 기저부에 다발을 이루며 어긋난다.

🌸 두상꽃차례이며, 구형 또는 반구형이다. 줄기 끝에 2~4개의 꽃이 핀다. 꽃잎은 황색이고, 5개가 서로 붙어 있다.

🏔 배수가 불완전한 습지 또는 건조지대에서 자란다. 그린란드, 알래스카, 캐나다 북부에 분포한다.

Pedicularis: Lousy. capitata: A head-like cluster. Perennial herb; Flowering stem hairs woolly. 2-15 cm high; Leaves in a basal tuft, alternate. Inflorescence head-like, dense, globose or subglobose; 2-4 flowers at the apex of the stem; Petals 5 fused, colored in yellow. Growing in imperfectly drained moist or dry areas; Alaska, Northern part of Canada, Greenland.

©loan

**2**

생태 특징 꿀 생산과 수분 성공률이 높지만,
다른 송이풀속 식물들보다 꽃의 수가 적어
줄기당 생산되는 씨앗의 수가 적다.
쓰임새 이누이트는 꽃을 따서 꽃부리에서
달콤한 맛을 즐긴다.

**3**

1, 3 꽃
2 군락을 이룬 모습
4 뿌리잎

📷
1, 3 알래스카 스쿠컴
2, 4 캐나다 캠브리지 베이

**4**

227

081

# 긴털송이풀

*Pedicularis hirsuta* L.

Hairy Lousewort

S² Pedicularis: 좋지 않은
hirsuta: 털이 매우 많은

🔍 다년생 초본. 수명이 길지는 않다. 식물체 전체에 흰색
의 털이 빽빽하게 난다.

🌱 높이 2~12cm. 잎은 어긋나고 로제트의 잎은 톱니 모양
의 작은 잎이 있다 .

🌸 꽃받침은 서로 융합된 관 모양이며, 5개의 꽃잎이 입술
모양을 이루고 있다. 암술머리와 수술은 꽃 밖으로 나
오지 않는다. 열매는 갈고리 모양의 삭과이다.

🏞 식물이 빽빽하게 자란 곳, 습한 툰드라, 구조토에서 자
라며, 그린란드, 러시아, 스발바르, 알래스카, 캐나다 북
부에 분포한다.

Pedicularis: Lousy. hirsuta: Very
hairy. Perennial herb; Not very long-
lived; Densely pubescent with white,
multicellular, floccose hairs. 2-12 cm
high; Leaves alternate; Rosette leaves
lobes crenate. Calyx fused, tubular;
Petals 5, ringent; Stigma and stamens
not protruding from the corolla tube;
Fruits falcate capsule. Most common
in moderately to densely vegetated
herb-mats and heaths, moist tundra,
and patterned ground; Alaska,
Northern part of Canada, Greenland,
Russia, Svalbard.

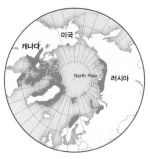

1, 3, 4 꽃과 잎
2 열매

📷
1, 4 스발바르 롱이어뷔엔
2 스발바르 뉘올레순
3 그린란드 자켄버그

082 # 라브라도송이풀

*Pedicularis labradorica* Wirsing

Labrador Lousewort

S² Pedicularis: 좋지 않은
labradorica: 래브라도 지역의

🔍 1년생 초본. 주근은 가늘고 긴 편이다.

🌱 높이 15~30cm. 아래쪽의 잎은 깊게 갈라진 깃 모양이다.

🌼 꽃은 연한 노란색으로 열매에서 길게 나오며, 한 줄기에서 5~10개의 꽃이 핀다. 열매는 삭과이다.

🏠 건조한 곳에 서식하지 않고, 소택지나 이끼 지역에서 자란다. 알래스카, 캐나다, 그린란드, 러시아에 분포한다.

Pedicularis: Lousy. labradorica: Labrador. Annual herb; Weak spindly taproot. 15-30 cm high; Lower leaves pinnate with toothed lobes. Flowers pale yellow, elongating in fruit, 5-10 flowered; Fruit capsule. In muskegs and open mossy, not to dry heath; Alaska, Canada, Greenland, Russia.

1, 3 꽃과 잎
2 열매
4 꽃

1~4 알래스카 카운실

쓰임새 진정작용을 하고. 근육이완 및 긴장
완화 효과가 있다. 약간의 지혈작용과 소독
효과가 있다. 뿌리나 어린 꽃은 생으로 또
는 익혀서 먹을 수 있다.

083

# 양털송이풀

*Pedicularis lanata* Cham. & Schltdl.

Woolly Lousewort

§² Pedicularis: 좋지 않은
lanata: 긴 털로 덮인

🔍 다년생 초본. 주근은 두껍고 밝은 황색이다. 식물체 전체에 흰색의 털이 매우 빽빽하게 난다.

🌱 높이 5~20cm. 지상부의 줄기는 털이 빽빽하게 나 있다. 줄기를 따라 잎이 나 있고 밑부분은 다발을 이룬다. 잎 표면에는 털이 빽빽하다.

⚙ 꽃줄기에 잎이 달려 있고 털이 빽빽하게 나 있다. 수상 꽃차례이다. 꽃잎은 대부분 분홍색이고, 5개가 서로 붙어 있다.

🏞 주로 건조한 지역에서 자란다. 그린란드, 러시아, 알래스카, 캐나다 북부에 분포한다.

Pedicularis: Lousy. lanata: Covered with long, woolly hair. Perennial herb; Thick and lemon-yellow tap root; Plants densely pubescent with white, woolly hairs. 5-20 cm high; Aerial stems densely hairy; Leaves distributed along the stems and with a basal tuft; Blades surface hairs woolly. Flowering stems with leaves, woolly; Inflorescence spicate; Petals 5 fused, pink but often white. Growing chiefly in dry, heathy areas; Alaska, Northern part of Canada, Greenland, Russia.

©홍순규

생태 특징 대부분의 환경요인에 넓은 내성이 있고, 북극 툰드라에서 봄에 가장 먼저 꽃을 피우는 종 중의 하나이다.
쓰임새 이누이트는 꽃을 샐러드의 고명으로 사용하고, 아이들은 직접 꿀을 빨아먹기도 한다. *Pedicularis*속 식물은 불안하고 긴장된 근육이나 뇌를 편하게 해주는 진정 효과가 있다고 알려져 있다.

1, 2 꽃과 잎
3 꽃
4 흰 꽃

1~4 캐나다 캠브리지 베이

©김옥선

©Ioan

233

## 084 바위초롱꽃

*Campanula lasiocarpa* Cham.

Mountain Harebell

- Campanula: 종 모양의
  lasiocarpa: 털이 있는 열매

- 다년생 초본. 꽃은 위를 향하는 종 모양이고, 땅속줄기가 있다.

- 높이 5~10cm. 키 작은 식물로, 거치가 있는 잎이 지면에 로제트처럼 자란다.

- 보라색의 꽃은 줄기 끝에 한 개 피고, 식물체에 비하여 크며, 5개의 꽃잎은 서로 붙어 있다.

- 바위 기질의 경사면이나 산등성에 자란다. 알래스카, 캐나다 북부, 러시아에 분포한다.

Campanula: Bell-shape. lasiocarpa: Hairy fruit. Perennial herb; Flower upright bell-shape; Rhizome. 5-10 cm high; Small alpine plant; Toothed leaves at base becoming narrow up the stem. Flowers violet-blue, single, terminal, large for the size of the plant; Petals 5 fused. Rocky slopes and ridges; Alaska, Northern part of Canada, Russia.

1, 3 다른 식물 틈에서 꽃을 피운
모습
2 지의류와 함께 자라는 모습
4 꽃

1~4 알래스카 스쿠컴

085 **할미나도솜나물**

*Arnica lessingii* Greene

Nodding Arnica

Arnica: 양의 피부

다년생 초본. 지하경을 가지고 있으며, 꽃줄기는 주로 하나씩 올라온다.

높이 8~35cm. 잎은 3~5쌍이며 줄기 밑부분으로 갈수록 빽빽하게 난다.

꽃은 옅은 황색이고 흔들린다. 6~9월에 개화한다.

툰드라 해안 지역에서 고산 경사지까지 자란다. 러시아, 알래스카, 캐나다 북부에 분포한다.

Arnica: Lamb's skin, meaning the soft, hairy leaves. Perennial herb; Rhizome; Flowering stem mainly solitary. 8-35 cm high; Leaves 3-5 pairs, crowded toward stem bases. Pale yellow flowers, nod; Flowering from June to September. Coastal tundra to alpine slopes; Alaska, Northern part of Canada, Russia.

1 군락을 이루며 자라는 모습
2 비탈에서 자라는 모습
3, 4 꽃

1~4 알래스카 스쿠컴

086

# 검은망초

*Erigeron humilis* R.C. Graham

Black Fleabane, Arctic Alpine Fleabane

- Eri-: 이른. geron: 노인
  humilis: 낮은, 초라한
- 다년생 초본. 개화 전의 줄기는 매우 짧고, 식물체 전체에 긴 털이 있다.
- 꽃줄기는 10~15cm. 줄기의 잎은 기저부의 잎보다 더 작고 예리하다.
- 두상꽃차례. 가장자리의 꽃은 흰색 혹은 라일락 색의 암꽃이며, 중앙의 꽃은 노란색의 양성화이다.
- 겨울에 눈으로 보호되고 배수가 잘 되는 미립질의 기질에서 서식한다. 캐나다, 미국 북부, 알래스카, 그린란드, 스발바르에 분포한다.

Eri-: Early. geron: old man. humilis: low, humble. Perennial herb; Stems very short before flowering; Plant body with long, multicellular hairs. Flowering stem 10-15 cm high; Stem leaves, much narrower and smaller than basal leaves. Inflorescence a single capitulum; Marginal flowers female, white or lilac; Central flowers bisexual, yellow. Place with snow protection in winter, well-drained, fine-grained substrates; Canada, northern part of USA, Alaska, Greenland, Svalbard.

©loan

1 다른 식물 틈에서 꽃을 피운 모습
2 꽃이 핀 전체 모습
3 꽃봉오리
4 털이 무성한 꽃줄기

📷

1, 3, 4 스발바르 뉘올레순 오시안 사라펠렛
2 캐나다 캠브리지 베이

## 087 캐나다미역취

*Solidago canadensis* var. *lepida* (DC.) Cronquist

Canada Goldenrod

Solid-: 안정. ago: 상태
canadensis: 캐나다의
lepida: 세련되고 우아한

다년생 초본. 잎이 많이 나며 곧추선다.

잎에 점 무늬가 있고 거꿀피침형이며 작은 거치가 있다.

꽃은 황색으로, 꽃잎이 많고 원추꽃차례이다. 열매는 수과이다.

초지, 들판, 개방된 산림에서 자란다. 알래스카, 캐나다 북부에 분포한다.

Solidago: 'Solidus' meaning 'stability' and 'ago' meaning 'state'. canadensis: Canadian. lepida: Modish and elegant. An erect, leafy perennial herb. Pointed, oblanceolate, shallowly toothed leaves. Many-petaled and yellow flowers, arranged in panicles; Fruits achenes. Meadows, fields, and open woodlands; Alaska, Northern part of Canada.

생태 특징  북아메리카 토착종이며
유럽으로 퍼졌다.

1 꽃과 잎
2, 3 바위틈에서 자라는 모습
4 꽃

1~4 알래스카 스쿠컴

088

# 북극흰민들레

*Taraxacum arcticum* (Trautv.) Dahlst.

Arctic Dandelion

Taraxacum: 쓴 풀
arcticum: 북극

다년생 초본이며, 분지된 주근이 존재한다.

높이 4~6cm. 잎가장자리는 약간 밋밋한 편이며, 개수는 10개보다 작다. 잎자루는 날개가 없는 편이다.

개화기 후반에는 꽃대가 땅으로 기우는 경향이 있다. 하나의 꽃차례에 35~50개의 꽃이 핀다. 낱꽃의 꽃잎은 노란색 또는 흰색이다.

배수가 잘 되고 건조한 지역, 염기성 토양에서 잘 자란다. 그린란드, 러시아 북부, 스발바르, 알래스카, 캐나다 북부에 분포한다.

Taraxacum: Bitter herb. arcticum: Arctic. Perennial herb; Taproots branched. 4-6 cm high; Entire or subentire leaves fewer than 10, petiols not winged. Flowering stems leaning to the ground at the late flowering stages; Flowers per inflorescence 35-50; Petals yellow or whitish. Dry, moderately well-drained areas, calcareous substrates; Alaska, Northern part of Canada, Greenland, Northern part of Russia, Svalbard.

캐나다　미국
North Pole　러시아

1 꽃과 잎
2 꽃
3 꽃에 나방이 앉은 모습

1~3 그린란드 자켄버그

089

# 북극민들레

*Taraxacum brachyceras Dahlst.*

Polar Dandelion

- Taraxacum: 페르시아 과학자 Al-Razi가 쓴 용어 'tarashaquq'에서 유래
- 다년생 초본. 두꺼운 주근이 있으며, 줄기에서 흰색 유액이 나온다.
- 잎은 로제트 형태이며, 꽃줄기에는 잎이 없다.
- 노란색 꽃이 꽃줄기 끝에 하나 열리며, 열매에 흰색 갓털이 있다.
- 개방된 산림, 자갈층, 건조한 목초지와 이탄층에서 서식하며, 캐나다, 미국 서부, 알래스카, 그린란드, 스발바르에 분포한다.

Taraxacum: 'tarashaquq'. Perennial herb; stout taproot; white latex. Leaves in rossette; leafless stem. Yellow capitulum; single receptacle on a hollow; white pappus. Open woods, rocky slop, drying meadows and muskegs; Canada, Western part of USA, Alaska, Greenland, Svalbard.

1 꽃이 핀 전체 모습
2 군락을 이룬 모습
3 꽃봉오리
4, 5 꽃

📷
1~5 스발바르 뉘올레순 오시안
사라펠렛

090

# 털솜방망이

*Tephroseris palustris* ssp. *congesta* (R.Br.) Holub

Mastodon Flower, Marsh Fleabane

palustris: 습지에서 자라는
congesta: 뚱뚱한

1년생 또는 2년생 초본. 여러 개의 황색 꽃이 달린 꽃머리 주변에 털이 많다.

높이 4~60cm. 잎은 기저부에 다발을 이룬다.

여러 개의 꽃머리가 달린 꽃차례. 낱꽃의 꽃잎은 노란색이고, 5개가 서로 붙어 있다.

습한 초지, 해안가, 배수가 불완전한 습지에서 자란다. 러시아, 베링 해협 주변, 알래스카, 캐나다 북부에 분포한다.

palustris: Growing in marshes. congesta: Fatty. Annual or biennial herb; With several yellow flowered heads subtended by hairs. 4-60 cm high; Leaves in a basal tuft. Inflorescence of several flowering heads; Floret petals 5 fused, colored in yellow. Growing in wet meadows, seashores, imperfectly drained moist areas; Alaska, AmphiBeringian (broadly), Northern part of Canada, Russia.

©loan

**2**

1, 3 꽃
2 무리를 지어 꽃이 핀 모습

📷
1~3 캐나다 캠브리지 베이

**3**

<u>생태 특징</u> 캐나다 동부 북극지역에서 가장 큰 1년생 식물
이다. 생육 초기에 잎, 줄기, 꽃머리 모두 반투명한 털로
덮여 있어 열이 손실되는 것을 막고 식물체를 따뜻하게
유지하는 보온기능을 한다.
<u>쓰임새</u> 어린잎과 꽃줄기는 익혀서 먹는 채소이고, 샐러
드 등으로 먹을 수 있다.

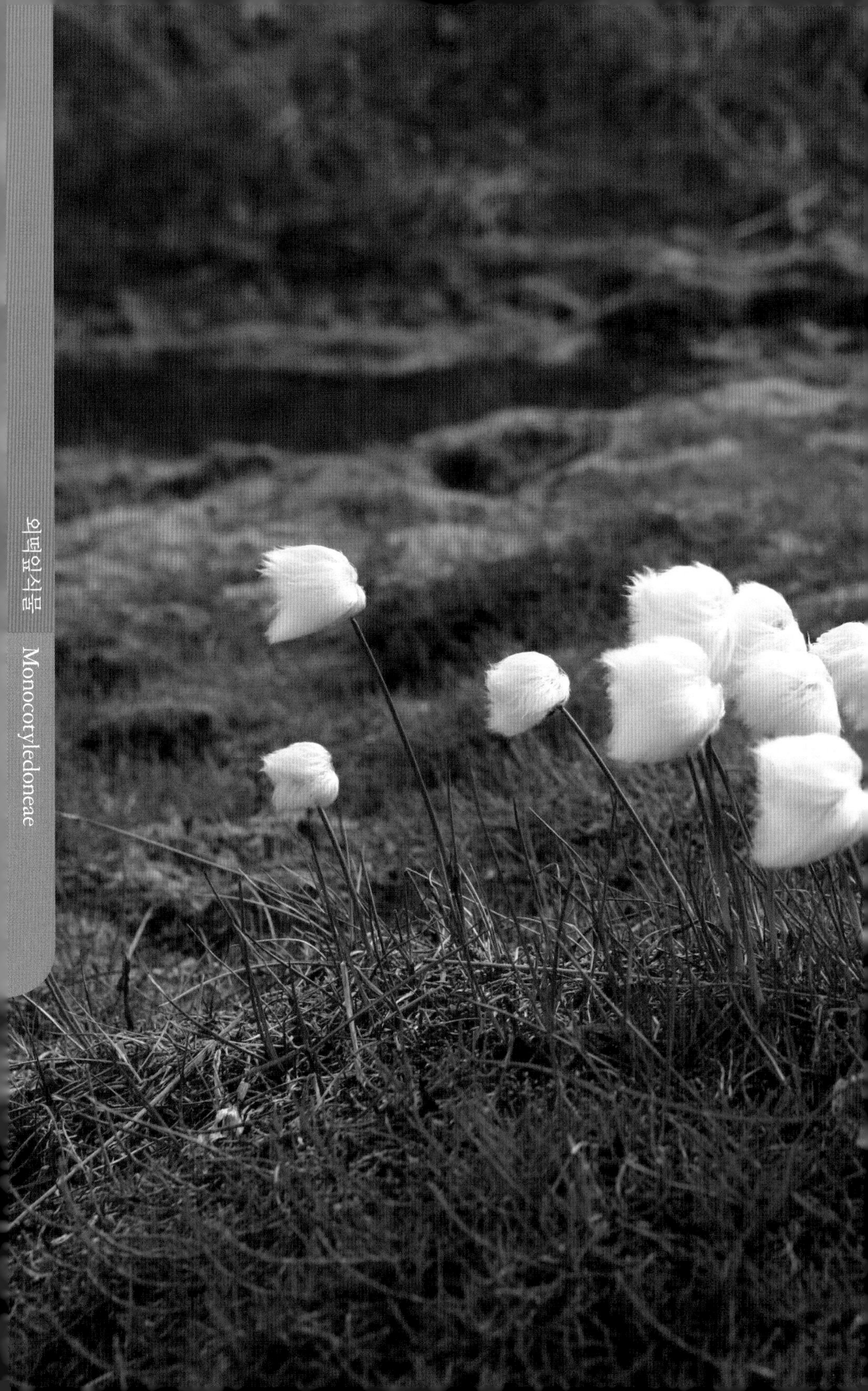

3

# 외떡잎식물
## Monocotyledoneae

091

# 숙은꽃장포

*Tofieldia coccinea* Richardson

**Northern aspohdel**

- 🔖 Tofieldia: 영국식물학자 Thomas Tofield에서 유래
  coccinea: 진홍색 또는 선홍색

- 🔍 다년생 초본. 다발 형태로 자라며, 꽃줄기 끝에 여러 개의 꽃이 모여난다.

- 🌱 높이 5~12cm. 잎자루가 없는 뾰족한 잎은 주로 기저부에 모여나며, 수염뿌리만 존재한다.

- 🌸 꽃은 옅은 분홍색과 진홍색이 섞여 있으며, 꽃줄기는 자주색으로 곧게 자란다.

- 🏞 습한 곳에서부터 건조한 서식처까지 넓게 서식하고, 러시아, 그린란드, 알래스카, 캐나다 북부에 분포하며, 한반도 북부 고산지대 및 백두산에도 서식한다.

Tofieldia: Origin of the name, Thomas Tofield. coccinea: Deep crimson or bright red. Perennial herb; Tussock; Inflorescence dense, spikelike. 15-20 cm high; Leaves basal, sessile and lanceolate; Fibrous root. Flowers pinkish cream to deep crimson; Flowering stems erect, redish plum. Habitats moist to dry; Russia, Greenland, Alaska, Northern part of Canada, Northern mountains of the Korean Peninsula and Mt. Baekdu.

1~4 꽃

 1~4 알래스카 스쿠컴

092

# 갈색골풀

*Juncus castaneus* Sm.

Chestnut Rush

Juncus: 묶다, 묶음
castaneus: 밤색의

다년생 초본. 땅속줄기가 길고 잘 발달했다.

원기둥 모양의 줄기는 주로 하나씩 발달한다. 잎은 부분적으로 줄기에서 발달하며, 수로 모양으로 끝으로 갈수록 작아진다.

작은이삭이 1~3(5)개인 단산꽃차례로 각 이삭에 2~10개의 꽃이 달려 있다. 씨는 옅은 노란색으로 방추형이다. 꽃과 열매는 늦은 봄부터 여름에 성숙한다.

툰드라, 아고산지대 및 고산지대의 이탄습지와 초지, 개울 등에서 자란다. 알래스카, 그린란드, 캐나다, 스발바르, 미국의 북부에 분포한다.

Juncus: Tie, bind. castaneus: Chestnut-colored. Perennial herb; Rhizome of long, subterranean runners. Stem usually solitary, terete; Leaves partially cauline; Blade channeled, reduced distally. Inflorescences glomerules, 1-3(5), each with 2-10 flowers; Seeds pale yellow, fusiform; Flowering and fruiting from late spring to summer. Tundra, subalpine and alpine bogs and meadows, and along streams; Alaska, Canada, Greenland, Svalbard, Northern part of USA.

1 열매
2 열매와 잎
3 씨가 떨어진 후의 모습

1~3 그린란드 자켄버그

093

# 북극꿩의밥

*Luzula confusa* Lindeb.

Northern Wood-rush

- Luzula: 한여름의 들판 또는 작은 장소
  confusa: 잘못된 해석, 오해

- 다년생 초본. 잎은 가늘고, 꽃과 열매는 가는 줄기 끝에 있는 2~3개의 이삭에서 난다.

- 높이 6~18cm. 줄기는 딱딱하게 직립하고 사각형이며, 털은 없다. 아래쪽 잎은 어긋나며 일찍 시든다. 잎자루와 잎혀가 없다.

- 꽃줄기에 잎이 달렸고 꽃차례 아래쪽에 잎 또는 작은 포가 붙는다. 두상꽃차례이며, 꽃잎은 갈색이고 3개이다.

- 다양한 환경조건에서 자라며, 그린란드, 미국 북부, 스발바르, 아이슬란드, 알래스카, 캐나다 북부에 분포한다.

Luzula: Midsummer field or small place. confusa: Wrong interpreted, misunderstood. Perennial herb; Blades straight, slim, linear; Flowers and fruits formed 2-3 spikelets; Inflorescence head-like. 6-18 cm high; Culms stiffly erect, squarish, glabrous; Leaves in a basal tuft, alternate, marcescent; Petioles absent; Ligules absent. Flowering stems with leaves; Leaf or reduced bract closely associated with the base of the inflorescence present. Occurring in a wide range of environments; Alaska, Northern part of Canada, Greenland, Iceland, Svalbard, Northern part of USA.

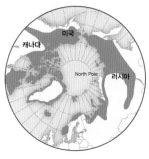

미국
캐나다
러시아

생태 특징 뿌리가 7~13년 동안 생존한다.

1, 2 자갈 기질에서 자라는 모습
3 꽃 4 열매

1, 2, 3 스발바르 뉘올레순
4 그린란드 자켄버그

## 094 갈미사초

*Carex bigelowii* Torr. ex Schwein.

Bigelow's sedge

Carex: 로마의 시인 Vergil가 붙인 식물명
Bigelowii: 18세기 미국 식물학자 James Bigelow의 이름

다년생 초본. 수염뿌리가 존재하고 땅속줄기가 발달한다.

높이 3~20cm. 잎은 기저부에서 주로 나고, 뿌리는 흐릿한 갈색이다.

꽃줄기는 개체당 2개 이상이고, 잎보다 길다. 각각의 이삭은 곧추선다.

습한 지역, 개울가, 건조한 지역, 모래나 자갈 등으로 이루어진 곳에 서식하며, 그린란드의 서부와 동부, 미국 북부, 캐나다 중부에 분포한다.

Carex: Latin plant name by Vergil. bigelowii: After the american botanist James Bigelow. Perennial herb; Only fibrous roots; Underground stems. 3-20 cm high; Mainly basal leaves; Pallid brown roots. Two or more flowering stems per plant; Flowering stems taller than the leaves; Individual spikes erect. Along streams, hummocks, dry areas, gravel, sand; North America, Central Canada, West and east Greenland.

1, 2 북극종꽃나무와 함께 자라는 모습
3 꽃

1~3 그린란드 자켄버그

생태 특징 키가 크고 기는줄기가 발달하
기도 하며, 작은 키에 뗏장(tussock)을
형성하기도 한다. 주로 영양번식을 하
며, 땅속줄기 마디가 잘려 동일한 유전
구성을 가지는 독립된 개체가 많이 존
재할 수도 있다. 온난화가 되면서 꽃이
피는 시기가 앞당겨졌다.

095

# 얼룩사초

*Carex fuliginosa* ssp. *misandra* (R.Br.) Nyman

Nodding Sedge

Carex: 로마의 시인 Vergil가 붙인 식물명
fuliginosa: 얼룩

다년생 초본. 반구형의 다발을 이룬다.

높이 3~18cm. 잎은 바늘 모양이고 잎가장자리가 거칠다.

수상꽃차례이며, 아래쪽에 수꽃, 위쪽에 암꽃이 핀다. 수상꽃차례 중 위의 1~2개는 양성화이다. 포는 적갈색이고 흰색 투명질이다.

건조한 곳, 초본이 밀집한 곳, 자갈과 암석지대에서 자란다. 그린란드, 미국 북부, 스발바르, 알래스카, 캐나다 북부에 분포한다. 한반도 백두산에도 자란다.

Carex: Latin plant name by Vergil. fuliginosa: Much soot. Perennial herb; Graminoid herb forming dense tussocks. 3-18 cm high; Narrow leaves with scabrid margin. Inflorescence spikes; The upper 1-2 spikes is bisexual with male flowers at the base, rests are female. Bracts dark brown with white hyaline margin. Growing in dry places, often in dense vegetation, on gravel and rock; Alaska, Northern part of Canada, Greenland, Svalbard, Northern part of USA, Mt. Baekdu of the Korean Peninsula.

1, 4 열매
2 건조한 이탄층에서 자라는 모습
3 열매와 잎

1~4 스발바르 뉘올레순

생태 특징  가장 친숙하고 어디서나 자라는 사초과 식물이다.

## 096 꼬마사초

*Carex microchaeta* T. Holm

Smallawned Sedge

**S²** Carex: 로마의 시인 Vergil가 붙인 식물명

🔍 다년생 초본. 기저부에 일자 모양의 잎이 많이 달려 있다. 오래되고 죽은 포기가 뚜렷하다.

🌱 높이 5~35cm. 잎은 밑부분에 달린다. 뿌리 부분 잎의 폭은 5~6mm이다.

🌸 수상꽃차례가 크고 수술이 매우 화려하다. 끝부분에 1개 또는 2개의 수꽃이 있으며, 밑에 1개의 암술이 있다.

🗺 러시아, 알래스카, 캐나다 서부에 분포한다.

Carex: Latin plant name by Vergil. Perennial herb; Many linear basal leaves; Obvious old dead stubbles. 5-35 cm high; Leaves proximal leaves with blades 5-6 mm wide. Large spikes; Very showy stamens; Top 1 or 2 staminate; Lower one pistillate. Alaska, Western part of Canada, Russia.

1~3 꽃과 잎
4 바위틈에서 자라는 모습

1~4 알래스카 스쿠컴

## 097 잔디사초

*Carex parallela* (Laest.) Sommerf.

Narrow-leaved Sedge, Parallel Sedge

- 🅢 Carex: 로마의 시인 Vergil가 붙인 식물명
  parallela: 평행

- 🔍 다년생 초본. 암수 식물체가 따로 있고, 잎은 가늘다.

- 🌱 원줄기는 지면 근처에서 구부러지며 분지된 줄기는 짧고 아치 모양이다.

- 🌸 수 식물체는 좁고 옅은 색의 수상꽃차례이다. 암 식물체는 약간 돌출된 열매와 털이 없는 부리를 가진 짙은 색의 수상꽃차례이다.

- 🏞 습한 곳의 이끼 군집에서 자란다. 그린란드, 스발바르, 캐나다에 분포한다.

Carex: Latin plant name by Vergil. parallela: Parallel. Perennial herb; Male and female flowers on separate plants; Leaves narrow. Stems bent near the ground; Short, arcuate branch shoots. Male plants have narrow, pale-coloured spikes; Female plants have dark spikes with slightly protruding fruit and glabrous beak. Growing in moist places, mossy mats; Canada, Svalbard, Greenland.

1 꽃이 핀 전체 모습
2, 3 꽃과 열매
4 바위틈에서 자라는 모습

1~4 스발바르 뉘올레순

098

# 눈사초

*Carex rupestris* All.

Curly Sedge

**S?** Carex: 로마의 시인 Vergil가 붙인 식물명
rupestris: 바위 등의 산등성이에서 자라는

**🔍** 다년생 초본. 땅속줄기는 갈색이나 검은색으로 비늘이
있다.

**🌱** 높이 4~20cm. 잎은 수로 모양이며 짧은 시간 내에 끝
부분이 마르고 갈색이 된다.

**✿** 3~15개의 암꽃을 가진 이삭이 달리며, 암꽃과 수꽃의
포엽은 갈색으로 끝이 투명하고, 중간의 맥은 희미하
다. 열매는 늦은 봄에서 여름에 성숙한다.

**👥** 수분이 적당하거나 건조한 지역, 초지, 암석의 노출부,
사면 등지에서 자라며, 그린란드, 미국의 북부와 서부,
스발바르, 알래스카, 캐나다에 분포한다.

Carex: Latin plant name by Vergil.
rupestris: Growing on rocks and
knolls. Perennial herb; Rhizomes
brown or black, scaly. 4-20 cm high;
Leaf blades channeled, tips soon
becoming brown and dry. Spike with
3-15 pistillate flowers; Pistillate and
Staminate scales brown, margins
hyaline, midvein paler; Fruiting late
spring-summer. Dry to mesic heaths,
meadows, rock outcrops, talus
slopes; Alaska, Canada, Greenland,
Svalbard, Northen and Western part
of USA.

1 잎이 휘어져서 자라는 모습
2, 3 열매

1~3 그린란드 자켄버그

생태 특징  흔한 종 중의 하나이다. 지역
적 조건에 따라 식물체의 크기가 달라
지나, 크기가 종 분류의 기준이 되지는
않는다.

### 099 뫼사초

*Carex saxatilis* All.

Rock Sedge

**S²** Carex: 로마의 시인 Vergil가 붙인 식물명
saxatilis: 산등성이에서 자라는

🔍 다년생 초본. 성긴 다발 형태로 자라며, 짧은 땅속줄기가 복잡하게 얽혀 있다.

🌱 높이 8~90cm이고, 줄기의 단면이 삼각형이다. 털이 없는 잎은 기저부가 적갈색이고, 잎몸의 중간은 진녹색이다.

🌸 이삭의 중간에 1~3개의 암꽃이 있고, 끝에 1~3개의 수꽃이 존재한다. 이삭을 싸고 있는 포는 이삭보다 짧거나 같은 길이이다. 노란색의 열매는 여름에 익는다.

👥 이탄습지, 습한 툰드라, 길가의 배수로, 호숫가, 연못 등의 습한 곳에서 자라며, 그린란드, 미국의 북부와 서부, 스발바르, 알래스카, 캐나다에 분포한다.

Carex: Latin plant name by Vergil. saxatilis: Growing on knoll. Perennial herb; Loosely cespitose; Rhizomes short, congested. 8-90 cm high; Culms trigonous in cross section; Leaves basal sheaths reddish brown, blades mid to dark green, glabrous. Inflorescences proximal 1-3 spikes pistillate, terminal 1-3 spikes staminate; bract shorter than or equaling inflorescence; Fruits yellow, fruiting summer. Fens, bogs, wet tundra, roadside ditches, shores of lakes, and ponds, often in shallow water; Alaska, Greenland, Svalbard, Canada, Northen and Western part of USA.

1, 4 열매와 잎
2, 3 열매

📷
1, 3 그린란드 자켄버그
2, 4 스발바르 뉘올레순

생태 특징  개방되고 습한 곳에서 주로 발견된
다. 다른 사초 종류나 황새풀, 쇠뜨기 종류와
함께 발견된다.

©홍순규

## 100 외이삭사초

*Carex scirpoidea* Michx.

Single-spike Sedge

- Carex: 로마의 시인 Vergil가 붙인 식물명

- 다년생 초본. 다발로 자라며 땅속줄기가 있고 이삭이 하나씩 달린다.

- 높이 5~35cm. 잎의 향축면은 매끄럽고 줄기는 곧게 선다.

- 화서는 타원형이고, 붉은색 계열의 비늘포는 가장자리가 투명한 유리질이고, 열매싸개(장낭기포)는 적갈색이다.

- 고산, 아고산 지대의 절벽, 나지, 암석지대 등에 서식하며, 미국 북부, 캐나다, 그린란드, 알래스카 지역에 분포한다.

Carex: Latin plant name by Vergil. Perennial herb; Cespitose; Rhizomal; Unispicate. 5-35 cm high; Blades glabrous adaxially; Culms erect. Inflorescence ellipsoid; Scales red-brown to purple, margins hyaline; Perigynia red-brown. Alpine or subalpine zones, cliffs, balds, or ledges, ridges or ledges; Northern part of USA, Canada, Greenland, Alaska.

©홍순규

2

1, 3, 5 꽃
2 열매
4 꽃이 진 모습

1~5 캐나다 캠브리지 베이

4

©홍순규

5

©홍순규

3

## 101 갈래황새풀

*Eriophorum angustifolium* ssp. *triste* (Th. Fr.) Hultén

Tall Cottongrass

Eriophorum: 양털에서 유래
angustifolium: 잎이 좁은
triste: 칙칙한, 슬픈

다년생 초본. 땅속줄기가 있고, 꽃줄기의 끝에 흰 털이 달린 종자가 2~4개의 이삭을 형성한다.

높이 10~30cm. 영양줄기는 곧고, 잎은 납작하거나 아랫부분에서 뒤집혀 있다.

가늘고 거친, 아치 모양의 줄기 끝에 이삭이 달려 있고, 암술머리는 3개이다.

이탄습지, 호수의 가장자리, 습한 초지에서 주로 나타나고, 종종 석회질 토양에서도 관찰된다. 그린란드, 알래스카, 캐나다의 북부 또는 동부에 분포한다.

Eriophorum: From Greek erion, wool. angustifolium: Narrow leaves. triste: Dull, sad. Perennial herb; Creeping rhizomes; 2-4 terminal spike with white hairs on the mature seeds. 10-30 cm high; Erect vegetative shoots; Leaves flat or keeled near base. Spikes on thin, rough, arching stalks; 3 stigmas. Fens, lake margins, moist heaths, often on limestone; Alaska, Northern and Eastern part of Canada, Greenland.

1, 3, 4 열매
2 습한 초지에서 무리지어 자라는 모습

1~4 그린란드 자켄버그

생태 특성  열매는 크고 하얀 털로 덮이는데 그 모양이 목화송이처럼 보이기 때문에 'cotton-grass'라고 불린다. 털이 있어서 씨가 바람에 잘 퍼진다.

쓰임새  이누비아루크(Inuvialuk) 사람들은 꽃머리를 매트리스의 속을 채우거나 불쏘시개로도 사용하였다. 솜 부위는 기름램프의 심지로 이용하기도 하였다. 스프, 스튜 또는 샐러드와 같은 음식에 사용된다.

## 102 북극황새풀

*Eriophorum scheuchzeri* ssp. *arcticum* Novoselova

Arctic Cottongrass

Eriophorum: 양털에서 유래
scheuchzeri: 18세기의 Johan Scheuchzer 교수의 이름에서 유래
arcticum: 북극

다년생 초본. 땅속줄기가 수십, 수백 미터 뻗어나간다. 솜털 모양의 흰색 이삭을 가진다.

높이 12~30cm. 땅속줄기는 비늘잎을 가지며, 영양줄기는 곧추서고 생식줄기는 25cm 정도 자란다.

꽃줄기 끝에 한 개의 구형 이삭을 가진 수상꽃차례이고, 개화 이후 길어지는 흰색의 털이 존재한다.

습지에서 자라고, 그린란드, 미국 북부, 스발바르, 알래스카, 캐나다 북부에 분포한다.

Eriophorum: From Greek erion, wool. scheuchzeri: After professor Johan Scheuchzer (18 century). arcticum: Arctic. Perennial herb; Very long, creeping and branched rhizomes (tens or hundreds of meters); The spike with shiny, white woolly hairs. 12-30 cm high; Rhizomes with scaly leaves; Erect vegetative shoots and generative culms up to 25 cm or more. Inflorescence a single globular terminal spike; White hairs elongate after the flowering stage. Nearly confined to mires and wetlands; Alaska, Northern part of Canada, Greenland, Svalbard, Northern part of USA.

2

3

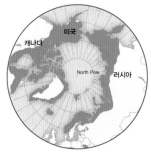

1, 4 열매
2 습지에서 무리지어 자라는 모습
3 꽃

1~4 스발바르 롱이어뷔엔

4

쓰임새  이삭은 종종 이끼와 섞어 램프의 심지로 이용한다. 식물을 산패한 바다 표범 지방과 섞으면 아픈 부위를 완화시킬 수 있다. 줄기는 생으로 먹을 수 있고, 씹었을 때 단맛이 난다.

273

1 열매와 잎
2~4, 6 다양한 서식처에서 자라는
모습
5 비를 맞은 열매
7 열매

📷
1, 3, 4, 6 스발바르 롱이어뷔엔
2 스발바르 뉘올레순
5 알래스카 카운실
7 그린란드 자켄버그

103

# 북극뚝새풀

*Alopecurus magellanicus* Lam.

Polar Foxtail, Alpine Foxtail

**S** Alopecurus: 여우꼬리

**Q** 다년생 초본. 주로 교란지대의 1차 개척종으로 살아간다. 꽃줄기 끝에 짙은 갈색의 럭비공 모양의 이삭이 달린다.

**🌱** 높이 5~25cm. 지상부의 줄기는 곧추서고 단면은 원형이며 털이 없다. 잎은 어긋나며, 일찍 시든다.

**✿** 꽃차례는 밀집한 달걀 모양이고 작은 방망이처럼 보인다. 열매는 영과, 폐과이다.

**👥** 습한 곳, 특히 강과 작은 호수를 따라, 조류 군집이 있는 절벽의 기슭에서 잘 자란다. 그린란드, 러시아, 스발바르, 캐나다 북부에 분포한다.

Alopecurus: Fox tail. Perennial grass; A primary colonizer of disturbed sites; Spikelets formed a terminal of flowering stem look like brown rugby balls. 5-25 cm high; Aerial stems erect, circular or oval in cross section, glabrous; Leaves alternate, marcescent. Inflorescence paniculate, dense, oblong to ovate; Fruits caryopsis, indehiscent. Growing in moist places, particularly along rivers and small lakes and at the foot of bird cliffs; Northern part of Canada, Greenland, Russia, Svalbard.

1, 2 꽃이 시든 모습
3 꽃이 핀 모습
4 꽃

 1~4 스발바르 롱이어뷔엔

생태 특징 식물의 생장은 환경조건에 따라 크게 영향을 받는다. 위에서 보면 북
극뚝새풀의 꽃이 보이고 꿩의밥속 식물이 자라는 습한 지역부터 상대적으로
건조한 툰드라 지역까지 자란다. 뿌리는 3~7년 생존한다.

벼과 Poaceae

104 **산향모**

*Anthoxanthum monticola* ssp. *alpinum* (Sw. ex Willd.) Soreng

Alpine Sweetgrass

Anthos: 꽃. xanthos: 노란색
monticola: 산지성의

다년생 초본. 느슨한 방석 모양으로 자라며, 짧은 땅속 줄기가 있다. 기저부에는 종이처럼 보이는 오래된 잎집으로 둘러싸여 있다.

높이 10~40cm. 줄기는 주로 하나씩 올라오며, 직립하고 2~3개의 절이 있다. 잎집은 털이 없고 부드럽다. 잎은 광택이 있다.

원추꽃차례로 꽃차례 줄기는 짧고 쌍을 이룬다. 소수는 긴 타원형이고, 포영과 소수의 길이가 거의 같다.

고산의 스텝지대에 주로 서식한다. 그린란드, 러시아, 미국의 북부, 스발바르, 알래스카, 캐나다에 분포하며, 한반도의 북부 산간지대에서도 발견된다.

Anthoxanthum: 'Anthos' meaning 'flower' and 'xanthos' meaning 'yellow'. monticola: From the mountain. Perennial grass; Forming loose mats, shortly rhizomatous, base clothed in papery old sheaths. 10-40 cm high; Stems solitary or few, erect, 2-3-noded; Leaf sheaths smooth, glabrous; Leaf blades glossy. Inflorescence panicle, branches short, paired; Spikelets broadly oblong; glumes subequal, as long as spikelet. Alpine steppe; Alaska, Canada, Greenland, Russia, Northern part of USA, Northern mountain of Korea.

**생태 특징** 식물의 피도가 90~100%에 이르면 거의 안정화된 북극 툰드라 식생의 극상을 의미한다. 버드나무류, 북극의 자작나무, 히스(heath) 종들이 우점하는 툰드라에서 경쟁할 수 있는 몇 안 되는 벼과 식물 중 하나이다.

1 자갈지대에서 자라는 모습
2, 3 열매

1~3 그린란드 자켄버그

105

# 큰잎북극잔디

*Arctagrostis latifolia* (R. Brown) Grisebach

Wideleaf Polargrass

🅢 Arctos: 곰. agostis: 목초지 풀
latifolia: 잎이 넓은

🔍 억센 다년생 벼과 초본. 수직으로 똑바로 선 이삭은 보라색을 띤 갈색이다.

🌱 높이 15~40cm. 잎은 납작하고 짧다. 땅속줄기가 있다.

⚙ 길이가 5~10cm인 하나의 꽃줄기에 1개의 이삭이 있다.

👥 이탄습지, 습한 초지, 시냇가. 그린란드, 스발바르, 알래스카, 캐나다에 분포한다.

Arctagrostis: 'Arctos' meaning 'bear' and 'agrostis' meaning 'pasture grass'. latifolia: Wide leaves. Perennial; Robust grass; Upright spikelets purple-brown. 15-40 cm high; Leaves flat, short; Underground runners. Inflorescence solitary with 1 spike, 5~10 cm. Bogs, moist heaths and along streams; Alaska, Canada, Greenland, Svalbard.

생태 특징  줄기 높이는 환경인자. 특히 온도와 강한 상관관계가 있다. 안정되고 햇빛이 잘 드는 지역에서 자라는 식물은 북쪽을 향하고 추운 지역에 자라는 식물보다 키가 크며 꽃줄기가 더 열려 있다. 천이 초기에는 거의 나타나지 않는다.

1~3 꽃이 핀 모습
4 꽃이 진 모습

1~4 그린란드 자켄버그

106 **왕김의털**

*Festuca rubra* L.

Red Fescue

Festuca: 풀짚
rubra: 적색

다년생 초본. 잎은 가늘고 길며 밑부분의 잎집은 붉은
색이 돈다.

줄기는 곧추서고 단면은 원형 또는 달걀형이다. 기저부
의 잎은 어긋나며 일찍 떨어진다.

빽빽한 선형 또는 피침형의 원추꽃차례이고, 소수는 짧
은 꽃자루가 있으며, 소수마다 3~5개의 소화가 있다.

하안단구, 산등성이, 건초지, 배수가 잘되는 지역, 빛이
잘 드는 경사지에서 자란다. 그린란드, 미국, 스발바르,
아이슬란드, 알래스카, 캐나다에 분포한다. 한반도 북
부 고산지대에도 살고 있다.

Festuca: Latin name on grass straw.
rubra: Red. Perennial grass; Leaves
narrow, needle like; Leaf sheath
reddish. Aerial stems erect, circular
or oval in cross-section; Leaves in a
basal tuft is alternate, marcescent.
Inflorescence paniculate, dense, linear
or lanceolate; Florets per spikelet 3-5;
Spikelet with rachilla. River terraces,
tundra, ridges, dry meadows, well
drained areas; Alaska, Canada,
Greenland, Iceland, Svalbard, USA,
Northern mountains of the Korean
Peninsula.

생태 특징 상업적으로 잔디로 많이 심고, 경사진 길을 안정화시키는 역할을 한다.

1, 2 꽃
3 경사지에서 무리지어 자라는 모습
4 다발 모양으로 자라는 모습

📷
1~3 스발바르 롱이어뷔엔
4 스발바르 뉘올레순

107

# 고산포아풀

*Poa alpina* var. *vivipara* L.

Alpine Meadow-grass

Poa: 건초사료
alpina: 산의
vivipara: 태생

다년생 초본. 씨앗이 이삭에 달린 채로 발아(수발아)를 하기도 한다.

높이 6~30cm. 원줄기는 곧추서고 잎혀는 치밀하고 많다. 잎은 원줄기의 아래쪽에서 난다.

짧고 넓은 2개의 꽃줄기가 있다. 꽃이 많이 피는 소수는 붉은 자색이고, 넓고 둥근 포영이 있다.

다양한 서식지에서 자라며, 그린란드, 미국 서부, 스발바르, 알래스카, 캐나다에 분포한다.

Poa: Greek fodder. alpina: In the mountain. vivipara: Giving birth to living children. Perennial grass; Viviparous germination. 6-30 cm high; Erect stem; Compact ligule of numerous; Leaf remains at base of stem. Short and wide panicle with two pedicels; Many-flowered and reddish violet spikelet, with broadly rounded glumes. Growing in various places; Alaska, Canada, Greenland, Svalbard, Western part of USA.

1 비탈에서 무리지어 자라는 모습
2~4 수발아를 한 모습

1, 2 스발바르 롱이어뷔엔
3, 4 스발바르 뉘올레순

생태 특징  저위도 북극지역에서는 눈이 늦게까지 있는 지역 또는 약간 알칼리성 기질의 지역에 있다. 이 분류군은 북극의 포아속 식물들과 쉽게 구분이 가능하다. 잎은 넓다가 잎 끝에서 갑자기 좁아지는 특징이 있고, 식물 기저는 오래된 잎집에 싸여 있으며, 상대적으로 큰 소수는 가지가 아래로 처진다.

벼과 Poaceae

108

# 자주포아풀

*Poa glauca* J. Vahl.

Glaucous Meadow Grass, White Bluegrass

**S?** Poa: 건초사료
glauca: 청록색

**Q** 다년생 초본. 배수가 원활한 모래 또는 자갈토양에 모여 사는 대표적인 개척종이다.

높이 10~30cm. 지상 줄기는 곧추서고, 기저부의 잎은 어긋난다. 잎은 가늘고 길며, 앞면에 털이 없다.

꽃대가 있고 꽃차례는 밀집된 선형의 원추꽃차례이다. 소수마다 2~3개의 낱꽃이 있다.

건조하고 돌이 많은 지면, 가파르고 암석이 많은 경사지에서 자란다. 그린란드, 미국 북부와 서부, 스발바르, 아이슬란드, 알래스카, 캐나다에 분포한다.

Poa: Greek fodder. glauca: Bluegreen. Perennial grass; An ubiquitous pioneer species forming tussock on well-drained, sandy or gravely terrain. 10-30 cm high; Aerial stems erect; Leaves alternate, narrow; Blades adaxial surface glabrous. Flowering stems present; Inflorescence paniculate, dense, linear; Florets per spikelet 2-3. Growing on dry stony ground and steep, rocky slopes; Alaska, Canada, Greenland, Iceland, Svalbard, Western and northern part of USA.

286

1 자갈로 된 비탈에서 자라는 모습
2, 3 다발 형태로 자라는 모습
4 열매

📷
1~4 스발바르 롱이어뷔엔

생태 특징 약산성 또는 알칼리성의 모래 또는 자갈 기질의 교란된 지역에서 초기 정착하는 종이다. 북극의 버드나무류가 정착하기에 좋은 여건을 마련해 주며, 환경이 안정화되고 천이 극상이 되면서 버드나무류에 서서히 밀린다.

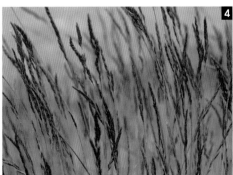

학명비교표
Scientific Name Comparison

| 이 책에 수록된 학명<br>Scientific Name in this Book | USDA, ITIS, Rune (2011) 책에 정명으로 표시된 학명<br>Scientific Name in USDA, ITIS, Rune's (2011) |
| --- | --- |
| **Equisetaceae** | |
| *Equisetum arvense* ssp. *alpestre* (Wahlenb.) Schönswetter & Elven | *Equisetum arvense* L. |
| **Polygonaceae** | |
| *Bistorta vivipara* (L.) S.F. Gray | *Polygonum viviparum* L.<br>*Bistorta vivipara* (L.) Delarbre |
| **Caryophyllaceae** | |
| *Arenaria pseudofrigida* (Ostenf. & Dahl) Juz. | *Arenaria pseudofrigida* (Ostenf. & O.C. Dahl) Juz. ex Schischk. & Knorring |
| **Ranunculaceae** | |
| *Ranunculus hyperboreus* ssp. *arnellii* Scheutz | *Ranunculus hyperboreus* Rottb. |
| **Brassicaceae** | |
| *Braya glabella* ssp. *purpurascens* (R.Br.) Cody | *Braya purpurascens* Bunge ex Ledebour |
| **Saxifragaceae** | |
| *Micranthes foliolosa* (R. Br.) Gornall | *Saxifraga foliolosa* R. Br. |
| *Micranthes nivalis* L. | *Saxifraga nivalis* L. |
| *Saxifraga cespitosa* L. | *Saxifraga caespitosa* L. |
| **Rosaceae** | |
| *Potentilla nana* Willd. ex Schltdl. | *Potentilla hyparctica* Malte |
| **Fabaceae** | |
| *Oxytropis nigrescens* var. *uniflora* (Hook.) Barneby | *Oxytropis arctobia* Bunge |
| **Ericaceae** | |
| *Arctostaphylos alpina* (L.) Spreng. | *Arctous alpina* (L.) Nied. |
| *Ledum palustre* L. | *Rhododendron tomentosum* Harmaja |
| *Loiseleuria procumbens* (L.) Desv. | *Kalmia procumbens* (L.) Gift, Kron & P.F. Stevens ex Galasso, Banfi & F. Conti |
| **Plumbaginaceae** | |
| *Armeria maritima* ssp. *sibirica* (Turcz. ex Boiss.) Nyman | *Armeria scabra* Pallas ex Roemer & Schultes |
| **Asteraceae** | |
| *Solidago canadensis* var. *lepida* (DC.) Cronquist | *Solidago lepida* DC. |
| *Taraxacum arcticum* (Trautv.) Dahlst. | *Taraxacum hyparcticum* Dahlst.<br>*Taraxacum phymatocarpum* J. Vahl |
| **Cyperaceae** | |
| *Carex fuliginosa* ssp. *misandra* (R.Br.) Nyman | *Carex misandra* R. Br.<br>*Carex fuliginosa* Schkuhr |
| *Eriophorum angustifolium* ssp. *triste* (Th. Fr.) Hultén | *Eriophorum triste* (Th.Fr.) Hadac & Á.Löve |
| *Eriophorum scheuchzeri* ssp. *arcticum* Novoselova | *Eriophorum scheuchzeri* Hoppe |
| **Poaceae** | |
| *Alopecurus magellanicus* Lam. | *Alopecurus magellanicus* Lam.<br>*Alopecurus alpinus* Sm. |
| *Anthoxanthum monticola* ssp. *alpinum* (Sw. ex Willd.) Soreng | *Hierochloe alpina* (Sw. ex Willd.) Roem. & Schult. |

참고문헌
References

Gjœrevoll O. and Rønning O. (1999) Flowers of Svalbard. Tapir Academic Press. 121 pp.

James K. (2005) The Nature of Alaska-An Introduction to Familiar Plants, Animals & Outstanding Natural Attractions. Waterford Press. 112-133 pp.

Janice J. S. (2009) Alaska's Wild Plants-A Guide to Alaska's Edible Harvest. Alaska Northwest Books. 24-47 pp.

Janice J. S. (2011) Discovering Wild Plants-Alaska, Western Canada, The Northwest. Eaton. 18-23, 243-299 pp.

Jim P. and Andy M. (2004) Plants of the Pacific Northwest Coast. Lone Pine. 58-407 pp.

Kristinsson H. (2010) A guide to the flowering plants and ferns of Iceland. Mál og menning. 368 pp.

Pratt VE (1989) Field Guide to Alaskan Wildflowers. Alaskakrafts. 136 pp.

Rønning O. (1996) The flora of Svalbard. Norwegian Polar Institute. 184 pp.

Rune F. (2011) Wild flowers of Greenland. Narayana Press. 350 pp.

Turner M, Gustafson P (2006) Wildflowers of the Pacific Northwest. Timber Press. 511 pp.

Alsos IG, Arnesen G, Sandbakk BE, Elven R (2011) The flora of Svalbard. http://www.svalbardflora.net.

Flora of the Canadian Arctic Archipelago http://www.mun.ca/biology/delta/arcticf

Integrated Taxonomic Information System http://www.itis.gov/

Pan Arctic Flora. http://nhm2.uio.no/paf/

Peter J. Scott (2004) Flora of Newfoundland and Labrador http://www.mun.ca/biology/delta/nflora.

Sirmilik National Park. http://www.cen.ulaval.ca/bylot/specieslists-plants.htm.

United States Department of Agriculture (2012) Natural Resources Conservation Service. http://plants.usda.gov/

얼음과 추위를 이겨낸 108종의 놀라운 식물들

# 북극 툰드라에 피는 꽃

초판 1쇄 인쇄　2014년 4월 10일
초판 1쇄 발행　2014년 4월 15일

　　지은이　이유경, 정지영, 황영심, 이규, 한동욱, 이은주

　　펴낸곳　지오북(**GEO**BOOK)
　　펴낸이　황영심
　　　편집　전유경, 유지혜
　　디자인　박수야

　　　주소　서울특별시 종로구 사직로8길 34, 오피스텔 1321호
　　　　　　Tel_02-732-0337
　　　　　　Fax_02-732-9337
　　　　　　eMail_book@geobook.co.kr
　　　　　　www.geobook.co.kr
　　　　　　cafe.naver.com/geobookpub

출판등록번호　제300-2003-211
　출판등록일　2003년 11월 27일

　　　　　ⓒ 이유경, 정지영, 황영심, 이규, 한동욱, 이은주, 지오북 2014
　　　　　지은이와 협의하여 검인은 생략합니다.

　　　　　ISBN  978-89-94242-31-6 93480

　　　　　이 책은 저작권법에 따라 보호받는 저작물입니다. 이 책의 내용과
　　　　　사진 저작권에 대한 문의는 지오북(**GEO**BOOK)으로 해주십시오.

　　　　　이 도서의 국립중앙도서관 출판시도서목록(CIP)은 서지정보유통지원시스템
　　　　　홈페이지(http://seoji.nl.go.kr)와 국가자료공동목록시스템(http://www.nl.go.kr/
　　　　　kolisnet)에서 이용하실 수 있습니다.(CIP제어번호: CIP2014010410)